한입에 쏙쏙 편의점 과학

한입에 쏙쏙 편의점 과학

삼각김밥부터 계산대까지,
세상 모든 물건의 과학

이창욱 지음

곰곰

머리말

가깝지만 낯선 곳, 편의점의 과학 이야기

딸랑~, 가벼운 종소리와 함께 문이 열립니다. 어서 오세요! 경쾌한 점원의 목소리와 함께 온갖 물건이 당신의 선택을 기다리는 이곳은 편의점입니다. 평균 72제곱미터(21평)의 크기에 약 2,000가지 별의별 물건이 가득 쌓인 공간이죠.

우리는 간단히 한 끼를 해결하려고, 음료수나 간식을 사려고, 가끔은 감기약이나 충전 케이블처럼 급히 필요한 물건을 사려고 편의점에 들릅니다. 편의점 손님들은 평균 일주일에 두 번 정도 들러 6,000원 정도의 물건을 산다는 통계도 있지요. 너무나 친숙한 공간이라 할 이야기가 없을 것처럼 보인다고요? 천만에요. 편의점에 있는 익숙한 물건들에는 사실 이상하고도 재미난 이야기가 가득 숨어 있습니다. 어쩌면 여러분은 물건들에 녹아 있는 재미있는 이야기 몇 가지를 들어 봤을 수도 있어요. (감자칩의 기원에 관한 전설 같은 거 말이죠.) 이 책을 읽고 나면 그 재미있는 이야기의 대다수는 기원이 분명치 않거나, 과장되었거나, 거짓말이거나, 아니면 세 가지 다임을 발견하게 될 겁니다.

하지만 실망하진 마세요. 편의점 물건들에는 적당히 재미있는 거짓말보다 훨씬 희한하고 놀라운 이야기들이 숨겨져 있으니깐요. 혹시 높이 솟는 콜라 분수를 만들기 위해 4,300미터 높이의 산에 올라간 과학자 이야기 들어 보셨나요? 자동차 경적만큼 시끄럽게 부스럭대는 과자 봉지는요? 혹은, 콜라가 만병통치약으로 팔린 이유나 파란색 치석이 있는 중세 여성의 정체가 궁금하지 않은가요?

이 책은 편의점에 쌓인 물건들의 기원과 물건을 만든 기술, 그에 얽힌 과학에 관해 이야기합니다. 물건의 기원을 찾는 여정은 인간의 기원을 톺아보는 것과도 같습니다. 여러분이 자주 사는 물건들은 각각 나름의 사연을 품고 있어요. 불닭볶음면에는 노벨상이, 진통제에는 네안데르탈인의 지혜가, 바나나에는 남아메리카 농민들의 눈물이 들어 있지요. 이 이야기들을 읽고 나면 편의점이 인류가 수천 년간 쌓아 온 과학과 기술을 집대성한 공간임을, 동시에 풀려야 할 수많은 문제와 고민이 숨어 있는 장소임을 알 수 있을 겁니다. 21평 남짓한 공간에 전 세계를 품고 있는 것이지요.

2021년 말 기준, 한국의 편의점은 3사 기준+ 4만 5,081개라 합니다. 여기에 기타 브랜드와 개인 영업 편의점을 합하면 5만 개가 넘는 편의점이 전국 곳곳에 흩어져 있죠. 이 중 여러분의 단골 편의점도 있을 거예요. 학교 가는 골목 사거리, 아파트 지하 상가에 있는 곳일 수도 있고, 제 고향처럼 논밭이 보이는 동네 외곽에 우두커니 서 있을 수도 있죠. 친숙한 동네 편의점을 상상하며 이 책을 읽어 보세요. 꼭 순서대로 읽을 필요는 없습니다. 재미있어 보이거나 관심 있는 물건부터 골라서 봐도 좋아요. 편의점의 물건들을 순서대로 보진 않잖아요?

이 책이 나오기까지 많은 분이 도와주셨습니다. 책의 아이디어를 발전시켜 준 맹미선, 함께 책을 만들어 주신 휴머니스트 편집부, 귀여운 일러스트를 그려 주신 정재윤 작가님, 원고를 읽고 조언을 아끼지 않은 이영주와 오혜진, 책을 마칠 수 있도록 격려해 준 가족과 박진영에게 감사를 전합니다. 더불어 집 앞의 GS25 편의점에도 감사 인사를 남깁니다. 책을 집필하는 2년 동안 그곳에서 사 먹은 감자칩과 젤리, 요거트, 초코 우유, 사과맛 데미소다가 얼마나 많았는지 감도 잡히지 않는군요.

+ CU, GS25, 세븐일레븐+미니스톱.

그럼, 지금부터 함께 편의점 구경을 시작합시다. 어떤 물건부터 이야기하면 좋을까요? 금강산도 식후경! 우선 밥부터 먹고 시작하는 게 좋겠죠?

차례

삼각김밥

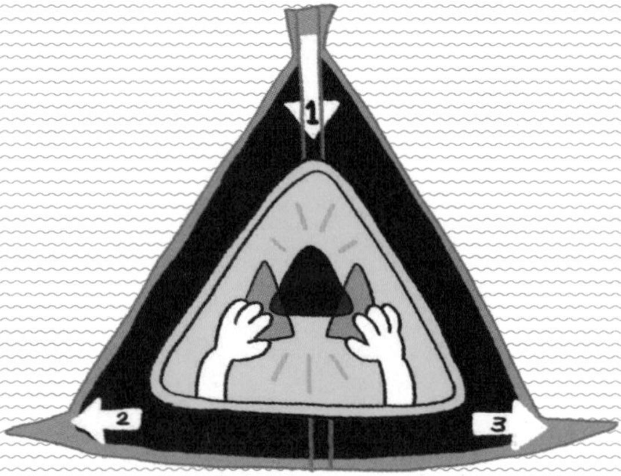

편의점 간판 상품의 세모난 비밀

편의점 하면 가장 먼저 떠오르는 음식이 뭘가요? 여러 가지가 있겠지만 아마도 많은 사람이 '삼각김밥'을 떠올릴 것 같습니다. 삼각김밥은 배고픈 아침과 바쁜 점심시간, 학교와 학원에 왔다 갔다 하는 잠깐 사이에 간단히 해치우기 좋고, 여유로운 주말에 게임을 하면서 컵라면과 함께 먹기에도 좋은 음식입니다. 이제는 명실공히 편의점의 대표 상품이 되었지요.

우리의 편의점 여행은 삼각김밥에서 출발합니다. 삼각김밥은 어떻게 편의점을 대표하는 스타가 될 수 있었을까요? 그 해답은 가장 단순한 것에서 시작됩니다. 바로 삼각김밥의 비닐 포장이지요.

삼각김밥 맛의 비밀, 포장에 숨겨져 있다?

비밀을 풀기 위한 제일 좋은 방법은 직접 부딪쳐 보는 것! 삼각김밥을 사러 동네 편의점으로 향했습니다. 소고기고추장 맛, 참치마요 맛 같은 전통의 인기 메뉴부터 트러플감자베이컨 맛 같은 도전적인 메뉴(?)까지 다양한 삼각김밥이 선반을 채우고 있습니다. 그중 하나를 집어 들었습니다. 끝이 둥그런 삼각형 모양의 주먹밥. 우리에게 친숙한 삼각김밥의 모습입니다. 작은 주먹만 한 크기의 밥 안에 양념이 들어 있고, 그 바깥을 김이 둘러싸고 있지요.

삼각김밥을 먹을 때는 삼각김밥의 중간을 가로지르는 절취선을 따라 비닐 포장을 반으로 가릅니다. 잠깐! 양쪽의 비닐을 완전히 당겨 벗기기 전에 포장 단면을 잘 관찰해 보세요. 김과 밥 사이에 비닐이 한 층 끼어 들어 있습니다. 이 포장이 삼각김밥의 맛을 지켜 주는 핵심 중 하나입니다.

소풍 갈 때 도시락으로 김밥을 싸 간 적이 있다면, 점심때 김이 눅눅해진 김밥을 먹어 본 경험이 있을 겁니다. 김밥의 김이 밥에서 나온 수분을 흡수하며 눅눅해진 것이죠. 도시락 통 속 김밥의 김도 반나절 만에 눅눅해지는데, 하물며 공장에서 만들고 편의점으로 배송되어 팔리기까지 훨씬 긴 시간이 걸리는 삼각

김밥의 김이 밥과 붙어 있다면 당연히 축축해질 겁니다. 이런 불상사를 막으려고 삼각김밥은 김과 밥을 분리해서 포장합니다. 한 장의 비닐이 밥과 김을 분리하고 있는데, 포장을 뜯으면 이 비닐이 옆으로 빠져나가며 남은 밥과 김이 자연스레 합쳐집니다. 삼각김밥은 사실상 포장을 뜯기 전까지 덜 만들어진 상태인 것이지요.

이 포장법을 처음으로 발명한 사람은 일본의 스즈키 마코토입니다. 오사카에서 과자 제조 기술자로 일하다가 회사를 설립해 각종 기계를 발명한 그는 간단한 아이디어로 삼각김밥을 편의점 대표 상품으로 끌어올렸습니다. 스즈키 마코토의 회사에서는 1978년 이후 지금까지 삼각김밥 포장 기계를 생산하고 있지요.

역사와 전통이 있는 편의점 대표 메뉴, 삼각김밥

삼각김밥은 일본의 전통 음식인 오니기리(주먹밥)에서 유래했습니다. 1974년 일본에 처음으로 진출한 미국의 편의점 체인인 세븐일레븐은 일본인의 입맛을 공략하려고 주먹밥을 편의점에서 팔 수 있는 형태인 삼각김밥으로 만들었습니다. 이렇게 탄생한 삼각김밥은 일본 세븐일레븐을 대표하는 상품이 되었고, 일본에서 건너와 만들어진 한국 편의점에도 그대로 도입되었습니다. 우리나라 최초의 편의점은 1989년 5월 서울 송파구에 문을 연 세븐일레븐 올림픽점입니다.[+] 이곳을 시초로 서클케이, 훼미리마트, 미니스톱, LG25(지금의 GS25), 바이더웨이 등 다양한 편의점 체인이 속속 문을 열면서 편의점 시대가 시작되었고, 삼각김밥도 1990년대 초반부터 팔리기 시작했습니다.

그런데 삼각김밥이 처음부터 잘 팔리지는 않았습니다. 처음 팔리던 당시 삼각김밥 하나의 가격은 약 900~1,000원으로, 300원 내외에 판매하던 봉지 과자 세 개 정도의 가격이었습니다. 지금처럼 간단히 끼니를 때우는 용도로 먹기에는 상당히 비쌌지요. 삼각김밥은 한국에 정착하기 위해 여러 시행착오를 거쳐야 했습니다. 우선 우리나라 사람의 입맛에 맞는 새로운 메뉴를 개발해야 했지요. 기존의 일본식 매실 장아찌(우메보시) 삼각김밥 대신 전주비빔 맛 같은 새로운 메뉴를 개발했고, 가격도 700원으로 낮추어 사람들의 입맛과 수요를 자극하기 시작했습니다. 그리고 2000년대 초, 편의점이 전국으로 퍼지면서 '편의점 하면 삼각김밥'이라는 공식이 사람들의 뇌리에 박히게 되었습

[+] 사실, 훨씬 이전인 1980년대 초에도 '롯데세븐' 등의 편의점이 생긴 적이 있지만 오래 가지 못하고 문을 닫았지요.

니다. 조그만 삼각김밥 하나에도 이렇게 다양한 노력이 녹아 있는 것이죠.

삼각김밥이 삼각이 될 수 있는 이유, 밥

삼각김밥에서 가장 중요한 재료는 쌀입니다. 삼각김밥의 종류에 따라 양념이 바뀌긴 해도, 쌀밥이 빠지는 경우는 없잖아요? 삼각김밥은 물론이고, 편의점 김밥이나 도시락 등 편의점에서 팔리는 간편식의 핵심은 밥입니다. 밥은 한국인의 식생활 중심에 있는 가장 중요한 음식으로, 한 끼 식사의 열량 대부분을 공급하는 역할을 하지요. 대기업의 편의점 간편식 개발 부서에는 밥의 맛과 품질을 담당하는 전문가인 '밥 소믈리에'가 별도로 있을 정도입니다.

밥을 구성하는 영양분 대부분은 수소·산소·탄소로 이루어진 화합물인 '탄수화물'입니다. 포도당·과당·설탕·젖당 등 이름에 '당'이 붙는 분자들은 물론이고 녹말이나 글리코겐 등이 모두 탄수화물에 포함되는데, 이들의 가장 중요한 역할은 에너지원입니다. 사람은 탄수화물에서 평소 활동에 필요한 거의 모든 에너지를 얻습니다. 한국인의 식사도 대개 탄수화물인 밥을 중심으로, 단백질을 공급하는 고기, 비타민이나 섬유질이 풍부한 채소 등 다른 음식을 곁들이는 식으로 만들어지죠. 탄수화물은 쌀을 주식으로 섭취하지 않는 문화권에서도 식사의 중심을 차지합니다. 쌀 대신 밀이나 보리, 옥수수 등 탄수화물이 풍부한 다른 곡류를 섭취하는 방식으로요.

게다가 삼각김밥을 고유의 삼각형 모양으로 빚을 수 있는 것도 쌀 덕분입니다. 작물로 키우는 쌀에는 두 종류가 있는데, 서아프리카와 남아메리카에서 드문드문 재배되는 아프리카 쌀 오리자 글라베리마(*Oryza glaberrima*)와 전 세계에서 널리 재배되는 아시아 쌀 오리자 사티바(*Oryza sativa*)입니다. 아시아 쌀은 다시 두 가지의 주요 아종으로 나뉩니다. 낟알의 길이가 긴 '인디카(장립종)'와 낟알이 짧고 굵은 '자포니카(단립종)'죠. 이 중 우리에게 친숙한 쌀은 자포니카인데, 이 쌀의 특징은 밥을 지었을 때 서로 뭉치는 찰기가 있다는 것입니다. 밥알끼리 뭉치는 것이 당연한 것 아니냐고요? 그렇지 않습니다. 인디카 쌀밥은 인도 음식점에서 자주 볼 수 있는데, 밥에 찰기가 전혀 없어서 모아 놓아도 금방 흩어져 버립니다. 딱풀을 쓰지 않는 한 인디카 품종의 쌀로는 아무리 노력해도 삼각김밥을 만들 수 없다는 얘기입니다.

인디카와 자포니카 쌀의 찰기가 다른 이유는 쌀 속에 저장된 탄수화물의 형태가 다르기 때문입니다. 많은 식물은 광합성으

로 만들어 낸 당류를 보존하기 편한 형태의 화학구조로 바꾸어 저장합니다. 그중 대표적인 물질이 쌀이나 감자, 밀, 옥수수 등에 많이 들어 있는 '녹말'입니다. 녹말은 수많은 포도당이 끝없이 이어져 만들어지는데, 포도당이 연결되는 방식에 따라 크게 두 가지로 나뉩니다. 포도당을 사슬처럼 한 줄로 길게 이어 붙인 '아밀로오스'와 나뭇가지처럼 여러 갈래로 이어 붙인 '아밀로펙틴'이죠.

이 아밀로오스와 아밀로펙틴의 비율에 따라 밥을 지었을 때의 찰기가 달라집니다. 가지가 복잡하게 뻗어 나온 아밀로펙틴 구조가 사슬 형태인 아밀로오스 구조보다 더 잘 엉키기 때문에, 쌀에서 아밀로오스가 많아지면 찰기가 적어지고 아밀로오스가 적어지면 찰기가 많아지는 것입니다. 인디카 쌀은 아밀로오스 함량이 약 20~25퍼센트로 자포니카 쌀의 17~20퍼센트보다 높아서 찰기가 떨어지는 것이죠. 찰밥을 만들 때 쓰는 찹쌀의 경우 아밀로오스 함량이 5퍼센트 이하까지 떨어지기도 하고요.

우리에겐 생소하지만, 세계적으로 많이 소비되는 쌀은 자포니카가 아니라 인디카 품종의 쌀입니다. 우리나라와 일본, 중국에서 주로 먹는 자포니카는 세계 쌀 소비량의 겨우 15퍼센트를 차지합니다. 인디카는 나머지 소비량 대부분을 차지하며, 인도를 비롯한 남아시아는 물론이고 동남아시아 등지의 주식이지

쌀BTI 테스트

친구들과 뭉치기를 좋아한다
아밀로펙틴
아밀로펙틴이 많은 당신은 자포니카 쌀 타입!

혼자만의 공간도 중요하다
아밀로오스
아밀로오스가 많은 당신은 인디카 쌀 타입!

요. 전 지구적 시선으로 보았을 때, '덩어리로 뭉치는 밥'은 상당히 특이한 현상인 셈입니다. 물론 쌀의 종류에 따라 쓰임새가 달라지기 때문에 어떤 품종의 쌀이 더 좋다고 말할 수는 없습니다. 인디카 쌀은 찰기가 적어 쌀국수, 과자 등 가공식품을 만들기 편하고, 푸석푸석해서 볶음밥을 만들 때도 안성맞춤이지요. 결국 문화에 따라, 그리고 그 문화에 따라 만들어진 음식 취향에 따라 적합한 품종의 쌀을 골라 먹으면 될 일입니다.

왜 컵라면은 삼각김밥의 친구일까

삼각김밥이 인기 있는 음식이라는 데는 다들 동의하지만, 사람들의 의견이 일치하지 않는 분야가 있습니다. 삼각김밥을 먹기 전에 데우느냐, 안 데우느냐죠. 삼각김밥을 데우는 쪽은, 차가운 삼각김밥은 밥알이 딱딱해 맛이 별로라고 주장합니다. 반대로 데우지 않는 쪽은 삼각김밥이 따뜻해지면 김이 눅눅하고 질겨져서 싫다고 하지요. (저는 항상 데우는 편입니다.)

차가운 삼각김밥이 맛이 없는 이유는 밥알에서 '노화'가 일어났기 때문입니다. 밥을 짓기 전의 쌀알 속에는 녹말이 '베타 녹말' 상태로 들어 있습니다. 앞에서 얘기한 아밀로오스와 아밀로펙틴이 규칙적으로 쌓인 결정 구조지요. 물을 붓고 밥을 지으면 물 분자가 녹말 사슬 사이로 파고들면서 느슨한 '알파 녹말' 상태로 바뀝니다. 물 분자가 끼어들었으니 부드럽고 씹기 쉬우며 소화도 훨씬 잘되죠. 이렇게 녹말의 구조가 베타에서 알파로 바뀌는 과정을 '호화'라 합니다.

그런데 김이 모락모락 올라오는 밥(알파 녹말)을 그냥 놔두면, 녹말 사슬 사이의 물 분자가 빠져나가며 딱딱하고 맛없는 식은 밥(베타 녹말)으로 변합니다. 호화와 반대로 알파 녹말이 베타 녹말로 변하는 현상을 밥의 '노화'라 하는데, 섭씨 0도 근처에서 물의 함량이 30~60퍼센트 사이일 때 가장 잘 일어납니다. 어, 0도라고요? 그렇습니다. 쌀로 만든 또 다른 음식인 떡을 냉장실에 넣으면 딱딱하고 맛없어지는 이유가 바로 녹말의 노화가 일어났기 때문입니다. 먹다 남은 떡은 냉장실보다는 냉동실에 바로 넣는 것이 나은데, 녹말 사슬 사이의 물 분자가 빠져나가지 못하고 급히 얼어붙어서 노화 현상이 늦어지기 때문입니다.

이것이 냉장 판매되는 삼각김밥의 밥알이 딱딱하게 느껴지는 이유입니다. 공식적으로 삼각김밥 회사에서는 삼각김밥을 약 20초 정도 전자레인지에서 데우길 추천하고 있습니다. (데우지 않는 사람들아, 봤느냐!) 하지만 데우면 김이 눅눅해진다면서요? 오호라, 저에겐 삼각김밥을 데우는 사람과 데우지 않는 사람 모두를

만족시킬 만한 신묘한 계책이 하나 있습니다. 그것은 바로 따뜻한 라면 국물에 삼각김밥을 찍어 먹는 겁니다. 라면 국물에 밥을 말 때는 오히려 갓 지은 밥보다는 식은 밥이 더 어울립니다. 식은 밥은 수분이 부족하므로 라면 국물을 잘 흡수하여 국물의 맛을 품게 되죠. 반대로 갓 지은 밥은 수분을 이미 충분히 함유하고 있어서 국물을 흡수하기는커녕 라면 국물을 싱겁게 만들 수 있습니다. 부드러운 밥알도 즐기고 맛있는 라면도 먹고, 그러니 이전부터 모두 삼각김밥을 컵라면에 곁들여 먹어 왔던 게 아닐까요?

불닭볶음면

사람들은 왜 매운 음식을 찾을까?

뜨거운 물을 붓고 3분. 면발이 익으면 물을 따라 버리고 액상 소스를 넣습니다. 검붉은 소스가 면과 섞이자 매콤한 냄새가 코끝을 자극합니다. 드디어 불닭볶음면 완성! 한 젓가락을 입으로 가져갑니다. 곧 혀를 화끈거리게 하는 매운맛이 찾아옵니다. 뒷골을 띵하게 만들고 이마에서 땀방울을 뽑아내는 매운맛!

매운 음식을 잘 못 먹어 '맵찔이'라고 불리던 저, 먹어 보지도 않고 글을 쓸 수는 없다는 친구들의 도발로 용감하게 불닭볶음면에 도전했지만 남는 건 입 안 가득히 남은 고통과 땀, 그리고 눈물뿐이었습니다. 도대체 이 라면은 왜 이렇게 맵나요? 왜 사람들은 고통을 참아 가며 매운 불닭볶음면을 먹고, 심지어는 스트레스가 풀린다고 얘기하는 걸까요?

매운맛은 맛이 아니야, 고통이야

많은 사람이 알겠지만, 엄밀히 말해 매운맛은 '맛'이 아닙니다. 이게 무슨 소리인지 알아보려면, 우선 '맛'이 어떤 감각인지부터 알아야 합니다. 맛은 입 안의 물기에 녹아 있는 화학물질에서 느껴지는 감각입니다. 화학물질이 혀에 있는 '미각 수용체'를 자극하고, 자극을 받은 미각신경이 대뇌로 정보를 전달할 때 우리는 맛을 느끼죠.[+] 미각 수용체를 가진 맛세포(미각세포)가 50~150개 정도가 모여 있는 구조를 미뢰(맛봉오리)라 부릅니다. 혀를 중심으로, 입천장, 목구멍 등지에 총 약 1만 개의 미뢰가 분포합니다. 미뢰가 많이 모여 있는 혀끝은 특히 맛에 민감하지요.[++]

미각 수용체는 여러 종류가 있으며, 각자 다른 화학물질을 분

+ 굳이 '미각신경이 대뇌로 정보를 전달하는 경우'라고 밝힌 이유는 혀는 물론이고 기도나 소장, 심지어는 고환에도 미각 수용체가 있기 때문입니다. (그래서 한때 틱톡에서 고환을 간장에 담그고 짠맛이 느껴지는지 실험하는 챌린지가 유행했습니다…….) 아쉽게도 고환을 비롯한 다른 기관의 미각 수용체는 미각신경이 연결되어 있지 않아 맛을 느낄 수 없으니 직접 실험해 볼 필요는 없습니다.

++ 단맛은 혀끝에서, 다른 맛은 다른 부위에서만 느낄 수 있다는 '맛 지도'를 본 적이 있나요? 맛 지도는 100년도 더 전의 독일 연구가 와전되면서 만들어진 잘못된 상식입니다. 식사할 때 아무 음식이나 혀끝에 대 보세요. 어떤 맛이든 강하게 느껴진다는 것을 알 수 있을 겁니다.

간하여 다양한 맛을 느끼게 합니다. 예를 들어 단맛 수용체는 당과 결합하여 단맛을 느끼고, 짠맛 수용체는 소금이 물에 녹으면 생기는 소듐(나트륨) 이온을 감지하지요. 비교적 최근까지 미각 수용체가 느끼는 '기본 맛'은 단맛, 신맛, 짠맛, 쓴맛으로 구분되었습니다. 그런데 네 가지 외의 다른 맛을 느낄 수 있는 미각 수용체가 발견되면서 기본 맛의 종류도 점점 늘어나고 있습니다. 2001년에는 다시마 국물에서 느껴지는 '감칠맛'을 느끼는 수용체가 발견되면서 감칠맛도 기본 맛으로 인정받는 추세입니다. 이외에도 지방 맛, 칼슘 맛, 탄산 맛 등 다양한 맛을 느낄 수 있는 미각 수용체가 속속들이 발견되고 있습니다. 인간은 자기 입속 혀조차 제대로 모르고 살아온 셈입니다.

미각 수용체는 이렇게 다양한 맛을 느끼면서도, 정작 매운맛은 느끼지 못합니다. 그 이유는 매운맛을 일으키는 화학물질이 미각 수용체가 아니라 온도나 통증을 느끼는 감각 수용체를 자극하기 때문입니다. 감각 수용체는 미뢰는 물론이고 온몸에 퍼져 있어, 매운맛은 혀가 아닌 입술이나 피부, 심지어는 항문에서도 느낄 수 있습니다. (매운 음식을 먹은 다음 날 화장실에서 고통스러운 시간을 보내야 하는 이유입니다.) 매운맛을 느끼는 대표적인 감각 수용체인 'TRPV1'은 고추에 들어 있는 매운맛 화학물질인 캡사이신과 결합하여 신경 신호를 보냅니다. 그러면 우리는 매운맛을 느끼게 되죠. TRPV1은 섭씨 43도가 넘는 뜨거움도 같이 느낄 수 있으니, 우리가 고추의 매운맛을 '뜨겁고 화끈하다'고 느끼는 것도 자연스럽습니다.

뜨겁거나 차갑거나, 매운맛도 종류가 달라

불닭볶음면은 물론이고 엽기적인 매운맛을 자랑하는 떡볶이나 눈물을 쏙 빼는 닭발 등 말도 안 되게 매운 음식에는 합성 캡사이신이 듬뿍 들어갑니다. 그런데 캡사이신만 매운맛을 내는 건 아닙니다. 편의점에서 만날 수 있는 다양한 매운맛 상품을 생각해 보세요. 마라탕 맛 라면, 박하사탕, 생마늘, 후추와 고추냉이(와사비)도 우리가 즐겨 찾는 매운맛이지만, 고추의 화끈한 매운맛과는 다르게 느껴집니다. 그것은 이 식품들에 TRPV1과는 다른 감각 수용체를 자극하는 화학물질이 들어 있기 때문입니다.

캡사이신을 인식하는 TRPV1의 정체가 밝혀진 것은 30년도 되지 않은 1997년의 일입니다. TRPV1 수용체를 발견한 미국의 생리학자 데이비드 줄리어스는 그 공로를 인정받아 2021년 노벨 생리 의학상을 받았지요. 이후로 다른 감각 수용체들이 속속 발견되기 시작했습니다. '차갑게 매운' 느낌을 주는 박하사탕의

'멘톨' 성분은 차가움을 느끼는 'TRPM8'와 'TRPA1'이라는 수용체를 자극합니다. TRPA1은 섭씨 16도 이하의 차가움과 통증 신호를 전달하므로, 박하사탕을 먹으면 맵긴 한데 고추와는 달리 입 안이 시원해지는 기분이 들지요. 이외에도 계피의 시남알데하이드, 마늘의 알리신, 후추의 피데린 등이 다양한 매운맛을 만듭니다. 심지어 고추냉이에 든 아이소타이오사이안산알릴은 TRPV1과 TRPA1을 동시에 자극해서 뜨거운 통증과 차가운 통증을 동시에 전달하지요. (긴 이름만큼이나 악질적이군요.)

최근 매운맛 대세는 '마라'입니다. 마라탕은 물론이고 라면에 반찬, 과자까지 마라가 들어가지 않는 제품이 없을 정도죠. 마라의 맛을 내는 핵심 향신료는 '초피'로, 중국 쓰촨 지방의 요리에 많이 쓰이고 우리나라에서는 추어탕에 들어갑니다. 매우면서도 얼얼한 맛을 내는데, 이 매운맛은 산쇼올이라는 성분에서 나옵니다. 산쇼올은 캡사이신처럼 TRPV1을 자극하지만, 동시에 TrkC라는 수용체와도 결합합니다. TrkC는 감각신경을 일시적으로 마비시키는 작용을 해서 결과적으로 얼얼한 매운맛을 내는 것이죠. 편의점 음식들의 가지각색 매운맛은 화학물질들이 여러 감각 수용체를 다양하게 자극하면서 만들어 내는 신경 신호의 앙상블인 셈입니다.

매운맛을 좋아하는 동물은 누구?

앞에서 얘기한 매운맛 화학물질들은 고추부터 고추냉이, 마늘, 후추, 박하 같은 식물에서 발견됩니다. 식물들이 포식자에게 먹히지 않으려고 매운맛 물질을 진화시켰기 때문입니다. 매운맛 풀을 뜯어 먹다 혀를 덴 곤충은 다시는 같은 풀을 뜯어 먹으려 들지 않을 테니까요.

그렇다고 모든 동물이 매운맛을 피하는 건 아닙니다. 조류는 매운 고추도 잘 먹는데, 그 이유는 TRPV1 수용체가 캡사이신에 둔감한 돌연변이를 거쳤기 때문입니다. 새들에게 먹히는 것은 고추에도 좋은 일인데, 새들은 고추의 씨를 씹지 않고 삼킨 다음 먼 곳까지 이동해서 배설하므로 자손을 퍼뜨리는 데 도움이 됩니다. 반면 포유류가 소화시킨 씨는 싹을 틔우지 못하죠.

포유류 중에서는 지금까지 단 두 종이 매운맛을 좋아한다고 알려져 있습니다. 그중 하나는 동남아시아의 열대우림에 사는 '나무두더지'입니다. 누가 이름을 지은 건지는 모르겠지만, 나무두더지는 최악의 동물 이름 5위에는 들어가야 할 이름입니다. 이 귀여운 포유류는 두더지와 전혀 관련이 없는 데다, 꼭 나무 위에 사는 것도 아니거든요. 두더지보다는 다람쥐를 닮은 이 작은 동물은 열대우림에서 살며 잡식성으로, 특히 식물 열매를 즐

겨 먹습니다.

나무두더지가 매운 음식을 가리지 않는다는 사실은 나무두더지가 고추를 맛있게 먹는 모습을 중국과학원의 과학자들이 우연히 발견하면서 알려졌습니다. 호기심이 발동한 과학자들은 생쥐와 나무두더지를 대상으로 농도가 다른 캡사이신을 섞은 먹이를 주면서 매운맛을 얼마나 잘 견디는지 실험했습니다. 불쌍한 생쥐들은 캡사이신이 많이 섞인 매운 먹이에 거의 입도 대지 않은 데 비해, 나무두더지는 캡사이신의 농도와 상관없이 모든 먹이를 잘 먹는다는 것이 드러났죠.

그렇다면 나무두더지는 정말 매운맛을 좋아하는 걸까요? 나무두더지의 감각 수용체를 조사해 보니, 생쥐의 감각 수용체보다 26배 정도 캡사이신과 덜 달라붙었습니다. 나무두더지는 매운맛을 즐긴다기보다는 그저 미각이, 아니 감각이 둔했던 겁니다.

나무두더지는 왜 매운맛에 둔할까요? 앞서, 식물이 초식동물을 쫓아내려고 매운맛을 진화시킨 것으로 추측한다고 말했습니다. 반대로 매운맛에 둔한 나무두더지 입장에서는 먹을 수 있는 식물이 더 많아진다는 뜻일 수 있어요. 나무두더지는 열대우림에서 자라는 후추속의 식물 한 종을 즐겨 먹는데, 이 식물의 열매에는 캡사이신과 구조가 비슷한 '캅2'라는 물질이 들어 있습니다. 매운맛에 둔해지면서, 나무두더지가 고를 수 있는 식단의

폭도 늘어난 셈이죠.

매운맛을 피하지 않는 다른 한 종의 포유류는 바로 인간입니다. 전 세계 사람 네 명 중 한 명이 매일 고추를 먹는다는 연구가 있을 정도로요. 인간과 매운맛의 관계는 그 어떤 동물보다도 이상한데, 인간은 매운맛에 둔감해지거나 매운맛을 피하기보다, 매운맛이 주는 고통을 즐기는 방향으로 문화적 적응을 했다는 점입니다. 기껏 고통을 주는 화학물질을 만들었더니 인간이 그걸 즐긴다는 사실을 알게 된 식물들이 느꼈을 충격과 실망을 상상해 보세요!

인류는 왜 매운맛을 즐길까요? 이 질문에 답하는 몇 가지 가설이 나왔지만 아직 명쾌한 답은 나오지 않았고, 어쩌면 앞으로도 찾기 어려울지 모릅니다. 우선 향과 맛을 돋우는 기능 때문이라는 가설입니다. 고추가 처음으로 재배된 아메리카 대륙의 경우, 주식이 텁텁하고 특별한 맛이 없는 옥수수였기 때문에 고추를 곁들이면 훨씬 맛있게 먹을 수 있었다는 겁니다. 초식동물들이 기피하는 식물이라 재배하기도 쉬웠을 거고요. 유럽을 통해 전 세계에 퍼지기 시작한 이후에는 캡사이신이 가진 항균 기능이 인기를 끌었을 수도 있습니다. 캡사이신은 미생물 번식을 억제하는데, 냉장고가 없던 시절 더운 열대지방에서는 음식이 상하지 않도록 매운 향신료를 더 많이 썼을 수도 있다는 거죠.

가장 인기 있는 가설은 인간이 매운 음식에서 고통과 동시에 짜릿함과 즐거움을 느낀다는 겁니다. 캡사이신으로 고통을 느끼면 대뇌에서는 통증을 완화하는 엔도르핀과 땀을 나게 만드는 아드레날린을 분비합니다. 매운 음식을 먹은 다음 느끼는 개운한 느낌이 이 두 호르몬에 의해 생기게 되지요. 이 가설을 고통으로부터 쾌락을 얻는 사람들에게서 이름을 따와 '마조히즘적 감각 추구 가설(masochistic/thrill-seeking hypothesis)'이라 부릅니다. 엔도르핀을 분비하게 만드는 다른 활동(예: 마라톤, 실수로 망치로 손가락 내려치기)에 비해 불닭볶음면 먹기는 확실히 훨씬 안전하고 간단한 것 같습니다. 물론 이 가설이 설득력을 얻으려면 더 많은 증거가 쌓여야 하지만요.

불닭볶음면을 넘는 매운맛의 한계는 어디까지일까

불닭볶음면이 오랫동안 인기를 끌면서 이제 시중에는 순한 까르보나라 맛부터 핵불닭볶음면까지, 다양한 불닭볶음면이 나왔습니다. 음식의 매운맛을 구분할 때 전문가들은 미국의 약사인 윌버 스코빌이 1912년에 만든 '스코빌 지수(Scoville Heat Units, 줄여서 SHU)'라는 단위를 사용합니다. 그가 스코빌 지수를 만든 이유는 캡사이신이 원료로 들어가는 연고를 만들기 위해 캡사이신의 정확한 양을 측정해야 했기 때문입니다. 스코빌은 고추 추출물을 맵지 않을 때까지 설탕물에 희석하는 과정을 통해 매운맛을 측정하기로 합니다. 열 배로 희석했을 때 매운맛이 사라진다면, 이 고추의 매운맛은 10SHU인 것이죠.

스코빌 지수가 처음 나왔을 당시에는 훈련된 매운맛 감별사 다섯 명이 직접 고추 추출물과 설탕물 혼합액을 마시고 눈물 콧물을 쏟아 가며 매운맛을 측정해야 했습니다. 현재는 고추의 캡사이신 함량을 직접 측정한 후 스코빌 단위로 환산할 수 있습니다. 이 방법으로 측정한 불닭볶음면의 스코빌 지수는 약 4,000SHU입니다. 피망이 0~25SHU, 신라면이 1,300SHU, 청양고추가 4,000~1만2,000SHU라고 하니, 불닭볶음면은 신라면의 세 배, 순한 청양고추와 비슷한 맵기로군요.

우리나라에서는 청양고추가 매운맛의 대명사처럼 통하지만, 해외에는 청양고추와는 비교가 되지 않을 정도로 훨씬 매운 고추가 많습니다. 대부분의 매운 고추는 '중국고추[+]'로 불리는 캡시쿰 치넨세(*Capsicum chinense*)종을 교배하여 만듭니다. 현재

+ 엄밀히는 잘못 붙여진 이름이라 할 수 있는데, 중국고추는 중국이 아니라 아메리카 대륙에 자생하기 때문입니다.

매운 음식 먹기 대회
나무두더지 씨
인간 씨
1단계 : 피망
2단계 : 신라면
3단계 : 불닭볶음면
4단계 : 캐롤라이나 리퍼
5단계 : 페퍼 X

▲ 캐롤라이나 리퍼. 데일 서버(cc)

기네스북에 '가장 매운 고추'로 올라 있는 품종은 평균 164만 1,183SHU의 맵기를 자랑하는 '캐롤라이나 리퍼'로, 사진만 봐도 그 흉악한 기운이 물씬 느껴집니다. 이 고추는 퍼커버트 페퍼 컴퍼니의 설립자 에드 커리가 중국고추를 교배하여 만든 품종이지요. 에드 커리가 이렇게 매운 고추를 만든 이유는 매운 고추에 열광하는 사람들이 있기 때문입니다. 에드 커리가 교배하여 만든 또 다른 극악의 고추인 '페퍼 X'로 만든 핫소스는 출시 후 2분 만에 1,000병이 팔릴 정도로 대단한 인기를 자랑했습니다. 하지만 이렇게 매운 고추를 먹으려면 마음 단단히 먹어야 할 겁니다. 2018년에는 매운 고추 먹기 대회에 참가한 서른네 살 남성이 이유가 밝혀지지 않은 '벼락 같은' 두통을 겪고 응급실에 실려 간 사례도 있었으니까요.

여하튼, 맵찔이인 제게 중요한 건 세계에서 제일 매운 고추가 아니라 불닭볶음면이 입 안에 남기고 간 매운맛에서 탈출하는 방법입니다. 입 안의 매운맛을 없애려고 물을 마시는 건 좋은 방법이 아닙니다. 캡사이신은 물보다는 지방에 더 잘 녹기 때문에, 물은 마셔 봤자 배만 부릅니다. 콜라는요? 콜라의 탄산이 입 안을 자극해서 매운맛의 고통을 증폭시킬 겁니다.

답은 차가운 우유입니다. 우유의 냉기가 입 안의 화끈거림을 가라앉히는 동시에 우유 속에 든 지방 성분이 혀에 남은 캡사이신을 닦아 내 주거든요.

그럼, 저는 이제 우유를 마시러 가 봐야겠군요.

우유

우유가 독극물 취급을 받은 이유

편의점의 냉장고를 가득 채운 다양한 음료수 중 가장 긴 역사를 지닌 음료는 (물을 제외한다면) 아마도 우유 아닐까요? 우유의 기원은 인간이 양과 염소 같은 가축을 키우기 시작한 약 8000~9000년 전의 시기로 거슬러 올라갑니다. 이 오랜 시간 동안 인류는 우유를 이용한 다양한 음식을 만들었습니다. 우유를 가공하여 만드는 요구르트와 버터, 치즈는 물론이고, 케이크나 푸딩, 아이스크림, 빵에 이르기까지 편의점에서 우유가 섞이지 않은 음식을 찾기가 더 어려울 지경이지요.

하지만 모두가 이 다양한 유제품을 즐길 수 있는 건 아닙니다. 우유만 마시면 배가 아프고 방귀를 뀌어 대다 나중에는 화장실에서 고생하는 사람들이 있거든요. 그런데 이 불쾌한 증상이, 사실 인류 진화의 증거라면요?

우유만 마시면 배가 아프고 방귀가? 유당불내증

흔히 우유를 '완전식품'이라 부릅니다. 그만큼 영양분의 균형이 잘 잡힌 음식이거든요. 소의 젖으로 만든 우유는 약 87.7퍼센트가 물이고, 나머지 12.3퍼센트에는 지방 3.8퍼센트, 단백질 3.0퍼센트, 당 4.4퍼센트 등 3대 영양소가 골고루 들어 있습니다. 비타민 D와 철분이 부족하다는 점을 빼면 사실상 중요한 영양소를 전부 가지고 있지요.

그러니 우유는 물속에 지방, 단백질, 유당, 미네랄 등 영양분이 작은 덩어리로 뭉쳐 둥둥 떠다니는 액체라 생각하면 되겠습니다. 이 분자들은 소금처럼 물에 완전히 녹아서 섞이지는 않지만, 모래처럼 바닥에 가라앉을 정도도 아닌 적당히 퍼져 있는 상태를 유지합니다. 이렇게 어중간한 크기의 입자가 액체 속에 분산된 상태를 '콜로이드'라고 부르지요. 이 중에서도 특히 '카세인' 단백질은 우유를 흰색으로 만드는 주인공입니다. 카세인 단백질은 150나노미터(nm, 10^{-9}m) 정도의 매우 작은 크기로 서로 뭉쳐 있는데, 이 뭉친 구조를 '미셀(micelle)'이라 부릅니다. 콜로이드 상태의 미셀은 외부에서 들어오는 빛을 여러 방향으로 산란시키죠. 그 결과, 우유는 불투명한 흰색을 띱니다.

그러면 우유는 왜 이렇게 풍부한 영양소를 가지고 있는 걸까요? 그 대답은 우유의 원래 소비자가 한창 자라나는 어린 송아지라는 사실을 생각해 보면 쉽게 나옵니다. 어린 새끼를 건강하게 키우기 위해 균형 잡힌 영양분을 함유하는 것이 당연하지요. 젖을 분비하여 새끼를 키우는 동물을 포유류로 분류하는데, 인간을 포함하여 지구에 약 4,500종 정도가 살고 있습니다. 포유류가 아닌 다른 동물들은 새끼 때부터 야생에서 먹이를 구해 와 섭취해야 하지만, 포유류는 어미의 젖을 섭취하며 자랄 수 있으니 상대적으로 안전하게 어린 시절을 날 수 있습니다. 어미의 혈액 속 영양분이 젖샘에서 젖으로 만들어지는데, 소는 젖 1리터를 생산하기 위해 500리터의 혈액을 순환시켜야 한다고 합니다. 우유는 정말 귀중한 식품인 거지요.

그렇다고 해서 모두가 우유의 영양학적 축복을 즐길 수 있는 건 아닙니다. 특히 어른 중에는 신선한 우유를 마셔도 배가 아프거나 설사를 하는 사람들이 있습니다. '유당불내증'을 앓는 사람들입니다. 이런 사람들은 우유는 물론이고 우유가 많이 들어간 유제품을 먹어도 속앓이를 하는 경우가 많지요. 유당불내증을 일으키는 범인은 우유의 영양 성분 중 가장 많은 양을 차지하는 '젖당(유당)'입니다. 말 그대로 포유류의 젖에서 발견되어 젖당이라는 이름이 붙은 이 영양분은 어린 포유동물의 가장 중요한 영양 공급원입니다. 인간도 어릴 때 소장에서 젖당을 분해하는 소화효소인 락테이스가 분비되어 젖당을 소화합니다.

그런데 젖당 분해 효소는 차츰 나이를 먹음에 따라 더는 만들어지지 않게 됩니다. 이는 진화적 관점에서 보면 자연스러운 결과입니다. 아기가 자라 젖을 떼면 젖당을 분해할 필요가 사라지니, 굳이 에너지를 들여 쓰지도 않는 분해 효소를 만들 필요가 없거든요. 그래서 성인이 되면 젖당 분해 효소를 만드는 유전자가 자연스럽게 활동을 멈추지요.

이런 관점에서 보면 유당불내증은 병이라기보다는 자연스러운 일입니다. 문제는 현대인들이 성인이 되어서도 꾸준히 우유를 마시게 되면서 새로 생긴 셈이죠.

고대 인류는 소화도 못하면서 우유를 마셨다?

그런데 재미있는 사실은, 다른 나라와 비교해 보면 유독 우리나라에서 유당불내증으로 고생하는 성인의 비율이 높다는 겁니다. 우리나라 성인은 약 75퍼센트가 유당불내증을 앓고 있습니다. 즉, 우유를 소화할 수 있는 성인의 비율이 겨우 25퍼센트로, 우유를 먹으면 어른 네 명 중 세 명은 밤새 화장실을 들락날락해야 한다는 뜻입니다. 그런데 반대로 유럽이나 서아프리카,

우유 소화하는 법
젖당
락테이스
(중요)
포도당+
갈락토스
끝
참 쉽죠?

서아시아 같은 곳에서는 우유를 소화할 수 있는 성인의 비율이 70~90퍼센트로 높아집니다. 이런 큰 차이의 이유는 무엇일까요?

우유를 잘 소화하는 성인이 많은 지역의 공통점은 전통적으로 목축과 낙농을 해 왔다는 겁니다. 우유가 주 식단에 포함되는 식사를 몇천 년 해 오다 보니, 어느 순간 나이를 먹어도 젖당 분해 효소가 나오는 돌연변이를 진화시킨 거예요. 반대로 우리나라는 우유를 많이 마시는 문화권이 아니었습니다. 우유는 과거에는 왕이나 조정 대신들처럼 높은 직위의 사람들이 가끔 마시는 귀중품이었고, 1902년 한말 농상공부 기사로 근무하던 프랑스인 쇼트가 젖소를 국내에 들여온 후에야 널리 퍼지기 시작했습니다. 겨우 100년 가지고는 젖당 분해 돌연변이가 진화하기 힘들죠.

상황이 이렇다 보니 과학자들은 젖당을 소화하지 못하는 것이 잘못된 게 아니라, 성인이 되고도 젖당을 소화하는 능력, 즉 '젖당 분해 지속성'이 특이하다고 생각하고 이를 연구하기 시작했습니다. 이러한 돌연변이를 분석하는 일은 전 세계 인류 집단 사이의 관계를 파악하는 데 큰 도움이 될 수 있습니다. 예를 들어 인류학자들이 성인이 되어도 유당 분해 효소를 계속 생산하는 돌연변이의 DNA를 분석한 결과, 북유럽 사람과 서아프리카 사람의 돌연변이가 다른 종류인 것으로 나타났습니다. 이 말인

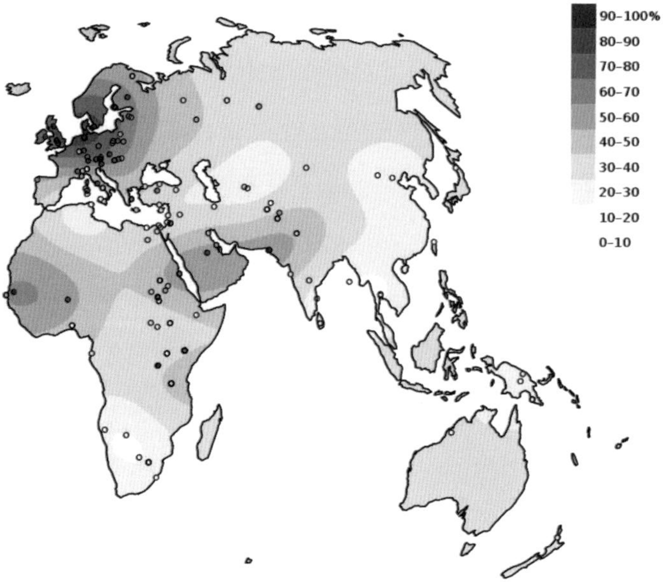

▲ 유당을 분해할 수 있는 구세계 성인의 비율. 유럽과 아프리카 서부, 서아시아 지역에 많이 모여 있다. 조 로우(cc)

즉슨 북유럽과 서아프리카 사람이 교류하면서 젖당 소화 능력 돌연변이를 주고받은 것이 아니라, 각각 젖당 소화 능력을 따로 진화시켰다는 뜻입니다. (누군가의 배탈이 과학자에게는 훌륭한 연구 주제가 되기도 한답니다.)

그렇다면 젖당 분해 지속성 돌연변이는 언제 진화했을까요? 우유를 마시기 전에 진화했을까요, 후에 진화했을까요? 이 질문은 닭이 먼저냐, 달걀이 먼저냐 하는 수수께끼와 비슷합니다. 젖당을 분해할 수 있어야 우유에서 영양분을 효과적으로 섭취할 수 있겠지만, 우유를 마시지 않으면 젖당 분해 지속성 돌연변이가 진화할 이유가 없잖아요. 이 문제를 알아보려고 과학자들은 목축을 시작한 지 가장 오래된 지역 중 하나인 서아프리카의 수단과 케냐를 찾았습니다. 이 지역에서는 적어도 8000년 전부터 목축을 해 왔는데, 이곳에서 발굴된 2000~6000년 전의 해골 여덟 개의 치아를 조사한 결과 우유에 들어 있는 단백질이 발견되었습니다. 적어도 6000년 전부터 우유를 마셨다는 거예요.

이 시기는 젖당 분해 지속성 돌연변이가 진화하기 이전입니다. 즉, 고대 서아프리카인들은 젖당을 분해하지 못하는 상태로 우유를 마시기 시작했다는 겁니다. 소화도 안 되는 우유를 왜 마신 걸까요?

우유가 한때 '하얀 독약'이라 불렸던 이유

우유 속에 들어 있는 영양소는 젖당뿐이 아니라는 것이 한 이유가 될 수 있습니다. 단백질과 지방도 풍부하게 들어 있죠. 고대 서아프리카인들에게는 이런 영양소를 섭취하는 게 도움이 되었을 수 있습니다. 또한, 우유는 신선한 물이 부족한 환경에서 물 대신 마실 수 있는 깨끗한 음료수가 될 수도 있지요. (배는 좀 아팠겠지만요.) 더 나아가, 고대인들이 유당불내증을 피하는 방법을 사용했을 수도 있습니다. 바로, 미생물에게 젖당 분해를 맡기는 것입니다. 미생물의 발효로 만들어진 유제품인 요구르트나 치즈는 미생물이 젖당을 어느 정도 분해한 상태라서 배탈 걱정 없이 섭취할 수 있지요.+

우유를 사용해 만든 다양한 유제품은 고대인들의 생존에 매우 중요했습니다. 우유에 든 풍부한 영양분이 단지 인간에게만 매력적인 것은 아니었기 때문입니다. 우유는 미생물이 성장할 수 있는 이상적인 서식처로, 시간이 조금만 지나도 상하기 쉽습니다. 그래서 유목민들은 우유를 발효시킨 요구르트와 치즈나 술, 우유에서 수분을 제거하고 지방만 모은 버터 같은 유제품을 만들어 겨울을 대비합니다. 신선한 젖을 짤 수 없는 추운 계절을 장기간 보관할 수 있는 유제품으로 버티는 것이죠.

그 말인즉슨 지금처럼 신선한 우유를 마시기는 힘들었다는 뜻이기도 합니다. 사실 19세기 후반까지만 해도 우유는 매우 위

+ 식품 가공 기술이 발달한 오늘날에는 젖당을 없앤 우유가 팔리기도 합니다. 편의점에서 이름이 '소화가 잘되는 우유'인 제품을 본 사람도 있을 텐데, 필터로 젖당을 걸러내고 남은 젖당을 효소로 분해한 우유입니다.

험한 식품이었습니다. 당시 유럽에서는 도시가 발전하면서 도시 사람들이 우유를 많이 소비하기 시작했는데, 농장에서 도시로 배달된 우유라는 게 도저히 먹을 만한 수준이 아니었습니다.

농장에서는 병에 걸린 소들이 바닥에 똥이 가득한 환경에서 우유를 만들었습니다. 이 우유는 비위생적인 방식으로 운송되었고, 우유를 상하지 않도록 신선하게 보관할 냉장 시설도 없었습니다. 심지어 우유 유통업자들이 만든 가짜 우유도 기승을 부렸습니다. 우유는 당대 위조가 가장 심한 식품이었는데, 양을 늘리려고 첨가한 물이나, 묽어진 우유를 걸쭉하게 만드는 밀가루와 녹말은 애교 수준이었습니다. 우유를 희게 만들려고 분필 가루를 섞고, 심지어는 거품을 내려고 동물 골수를 넣기도 했죠. 그 외에도 다진 달팽이(!), 표백제(!!), 포르말린(!!!) 등 아침 식사로 절대 섭취하고 싶지 않은 다양한 것이 우유에 들어갔습니다.

이러다 보니 도시의 가정집에 도착한 우유는 영양분이 풍부한 식품보다는 독극물에 가까운 상태가 되기 일쑤였습니다. 1854년 미국 뉴욕 사망자 통계에 따르면, 사망자 1만 5,000여 명 중 8,000명이 상한 우유를 마시고 죽었다고 할 정도니까요. 이 난장판은 '우유 문제'라는 이름으로 불렸고, 20세기 초까지 영국과 미국 대도시의 높은 영유아 사망률의 원인으로 지목받기도 했습니다. 그리고 곧 이 문제를 해결할 사람이 나타났지요.

지금처럼 편의점에서 신선한 우유를 쉽게 마실 수 있게 된 데에는 흔히 두 사람의 공로가 크다고 알려져 있습니다. 첫 번째 사람은 '우유 인증제'를 도입한 미국 뉴저지의 소아과 의사 헨리 코이트입니다. 코이트는 신선한 우유가 만들어지려면 우유를 만드는 농장이 깨끗해야 한다고 생각했기에, 농장의 소가 건강하고, 농장과 우유 저장소가 깨끗하며, 우유에 들어 있는 세균이 적은 우유만 인증하는 '인증 우유'를 만들었습니다.

두 번째 사람은 독일의 화학자인 프란츠 리터 폰 속슬렛으로, 우유를 일정 온도로 가열하여 우유에 들어 있는 미생물을 없애는 방법을 만들었습니다. 이 방법을 '저온 살균법'이라 부르는데, 저온 살균법이라 하면 아마 프랑스의 미생물학자인 루이 파스퇴르를 떠올리는 사람이 더 많을 겁니다. 파스퇴르라는 이름, 우유 진열 칸에서 많이 봤다고요? 우리나라에서 팔리는 동명의 우유가 바로 이 사람의 이름에서 따온 것입니다. 1864년, 술이 변질되는 원인을 찾던 루이 파스퇴르는 술을 짧은 시간 동안 비교적 낮은 온도의 열로 처리하여 세균의 활성을 없애면 오랫동안 보존할 수 있다는 사실을 알아냅니다. (그래서 저온 살균법은 파스퇴르의 이름을 따 지금도 '파스퇴라이제이션Pasteurization'이라 부르고 있지요.) 이

저온 살균법을 우유에 체계적으로 적용한 사람이 속슬렛으로, 우유를 통한 질병 감염을 효과적으로 막을 수 있게 되었죠.

이 두 사람보다는 논란의 여지가 있지만, 20세기 초 신선한 우유를 파는 데 이바지했다고 알려진 사람이 한 명 더 있습니다. 바로 미국의 유명한 마피아인 알 카포네입니다. 우유와 마피아라뇨? 이야기는 20세기 초 미국으로 거슬러 올라갑니다. 1920~1930년대 미국은 술의 판매가 법으로 금지된 '금주법'의 시대였습니다. 물론 미국 시민들이 한마음으로 술을 끊은 것은 아니고, 비밀리에 만들어진 밀주가 불법으로 거래되고는 했습니다. 이 거대한 밀주 시장을 장악한 것이 알 카포네를 비롯한 마피아였습니다.

뉴욕 브루클린에서 태어난 알 카포네는 시카고를 주 무대로 활동했습니다. 밀주, 매춘, 도박 등 불법 사업으로 엄청난 돈을 벌어들인 그가 다음으로 눈을 돌린 사업 분야는 우유였습니다. 1930년대 초, 알 카포네는 몰래 조금씩 홀짝이는 술보다는 식사 시간마다 마시는 우유를 파는 것이 수익에 도움이 더 된다고 판단하고 우유 사업에 손을 뻗칩니다. 알 카포네는 그때까지도 후진적인 수준이었던 우유 유통 체계를 혁신적으로 개선했습니다. 품질이 좋은 우유를 받았고, 우유를 냉장하여 배송할 수 있는 시스템을 도입했습니다. 사업을 독점하려는 알 카포네를 낙농 조합이 막으려 하자, 낙농 조합 위원장을 납치해 협박하기도 했지요. 어떤 이들은 우유병에 유통기한을 표시하게 한 것도 알 카포네라고 주장합니다.

1931년 탈세 혐의로 수감되면서 알 카포네의 우유 사업은 금방 끝나 버렸지만, 그의 유산은 우유 업계에 큰 충격을 가져다주었고, 여전히 그 영향력을 발휘하고 있답니다. 편의점에서 마시는 신선한 우유가 그 유산인 거죠!

치킨

우리는 닭의 행성에 살고 있다

어떤 치킨을 좋아하나요? 튀김옷이 바삭바삭하게 부서지는 프라이드치킨? 아니면 매콤달콤 양념치킨? 편의점 하면 삼각김밥과 컵라면이던 시절이 있었지만, 최근에는 훨씬 다양한 음식이 팔립니다. 치킨도 그중 하나입니다.

닭고기는 인류가 가장 많이 소비하는 육류 중 하나로, 2015년 기준 전 세계 닭고기 생산량은 무려 9247만 톤에 달합니다. 만약 미래에 외계인 고고학자가 지구에 착륙해 땅을 파 들어간다면, 플라스틱 쓰레기와 함께 엄청난 양의 닭 뼈 화석이 가득한 지층을 발견하게 될지도 모릅니다.

그런데 인류가 닭을 먹기 시작한 것은 그리 오래되지 않았습니다. 그렇다면 애초에 인류는 닭을 왜 키우기 시작했을까요? 이 의문을 풀려면 닭이 처음으로 가축이 된 동남아시아의 정글로 떠나야 합니다.

위대하고 늠름한 닭이여,
우리는 너의 살을 원한 게 아니야

붉은 볏과 부리부리한 눈, 날카로운 부리와 발톱, 목에서 꼬리까지 이어지는 황금색, 초록색, 흰색, 검은색 깃털. 노란 튀김옷을 입은 닭만 보는 현대인은 잊어버렸을지도 모르지만, 야생 닭은 화려하고 위풍당당하기 그지없는 존재입니다. 모든 가축 닭의 선조가 되는 적색야계(붉은 산닭)는 동남아시아와 남아시아에 널리 퍼져 있습니다. 필리핀과 인도네시아의 섬들은 물론이고 태국과 미얀마를 거쳐 인도 북쪽 히말라야산맥 자락에 이르기까지 넓은 지역에 서식하지요. 예민하고 조심스러운 성격으로, 천적을 피하고자 평소에는 정글에 숨어 삽니다.

적색야계가 가축 닭의 기원인 건 확실하지만, 이들이 언제 어디서 가축이 되었는지 정확히 아는 사람은 없습니다. 가장 오래된 닭 뼈는 4000~5000년 전의 것으로 중국에서 발견되었는데, 이 닭 뼈의 DNA를 분석하면 남아시아와 동남아시아 지역에서 유전적 다양성이 높게 나타납니다. 즉, 이 지역에서 가축화된 닭이 유럽과 아시아 다른 지역으로 퍼졌고, 그래서 후손인 다른 지역 닭들이 유전적으로 비슷하다는 의미입니다. 어쨌든 현재의 정설은 청동기시대에 인더스강 유역에서 닭이 가축이 되었다는

▲ 적색야계

것입니다.

더 궁금한 점은 인간이 닭을 키운 이유입니다. 당연히 닭고기와 달걀 때문 아니냐고요? 맞습니다. 닭은 거위 등 다른 조류에 비해 빨리 자라고 많은 알을 낳습니다. 여기에 진드기나 모기 같은 해충을 포함한 다양한 먹이를 먹을 수 있고, 울음소리로 새벽 시간을 알려 주기도 하지요. 그런데 꼭 이것들만 닭을 키우는 이유가 아닐지도 모릅니다. 어쩌면 고대인들은 적색야계의 멋진 모습에 마음을 빼앗겼을 수도 있습니다. 빽빽한 열대우림 저편에서 날아오르는 화려한 깃털의 적색야계를 본 고대인들의 두근대는 마음을 상상해 보세요.

실제로 닭이 처음으로 길든 인도 하라파 유적에서는 두 수탉이 마주 보는 구도의 진흙 인장이 발견되었습니다. 그뿐만 아니라 서아시아 일대에서 발견된 토기와 인장에도 닭싸움 장면이 그려져 있습니다. 고대인들이 늠름하고 화려한 수탉의 싸움을 구경하려고 닭을 키웠을지도 모른다는 뜻이지요. '투계'라고도 불리는 닭싸움은 전 세계에 널리 퍼진 스포츠입니다. 동물 학대를 이유로 많은 곳에서 금지되었지만, 지금도 인도와 파키스탄은 물론이고 동남아시아에서 인기를 끌고 있지요.

닭이 인간 사회에 널리 퍼진 이유 중 하나가 닭싸움이라는 또 다른 증거는 중세 시대 유럽에서 나옵니다. 중세 시대 유럽의 닭은 지금의 닭보다 훨씬 작았고, 식사 메뉴에서도 거위와 꿩에 밀려 인기가 많지 않았습니다. 즉, 중세 유럽 사람들은 수탉으로는 싸움을 붙이고 암탉에게서는 달걀을 얻으려고 닭을 길렀을지도 모른다는 것이죠.

이런 적색야계는 분명 우리가 지금 가축으로 키우는 닭의 이미지와는 차이가 있습니다. 아름답고 예민하며 야성적인 적색야계는 어떻게 지금의 순둥순둥한 닭이 된 걸까요? 이를 알아보려고 스웨덴 린셰핑대학교 연구자들은 고대인들처럼 직접 적색야

계를 키워 길들여 보기로 했습니다. 우선 연구자들은 야생 닭 중 가장 순하고 둔한 녀석을 골랐습니다. 그래야 옆집 강아지나 어린이가 쫓아와 장난을 쳐도 놀라 도망치거나 죽어 버리지 않을 테니까요.

연구자들은 이렇게 골라 키운 야생 닭의 후손 중 가장 순한 닭만 고르고 골라 교배했습니다. 그러자 겨우 10세대 만에 순한 닭이 탄생했습니다. 순해진 닭은 스트레스 반응과 관련이 있는 간뇌의 크기가 줄어들어 있었어요. 인간과 함께 살면서 스트레스를 덜 받는 성격으로 적응한 셈이죠.

30년도 넘게 사는 닭, 이제는 겨우 30일을 살고 닭고기가 된다

하지만 닭이 지금의 외양으로 변한 것은 훨씬 최근의 일입니다. 1945년부터 미국에서는 '내일의 닭' 대회가 열렸습니다. 고기가 많은 통통한 닭, 섭취한 먹이를 살코기로 바꾸는 효율이 높고 더 빨리 자라 일찍 도축할 수 있는 닭을 키워 내는 것이 목표였지요. 이 대회를 통해 더 빨리, 더 통통하게 자라는 품종의 닭이 탄생했습니다. 내일의 닭 대회가 얼마나 '성공적'이었냐면, 현재

사육되는 품종 개량된 닭은 1950년대의 닭에 비해 약 다섯 배나 빠른 속도로 성장할 정도지요.

이런 품종 개량의 결과가 가축을 최대한 효율적으로 키우는 공장식 축산 시스템과 결합하면서 현대 닭고기의 신화가 완성됩니다. 공장식 축산은 생산 비용을 낮추려고 가축을 최대한 좁은 장소에 모아 키우는 사육 방식인데, 비위생적이고 비인도적이라는 비판을 받고 있지요.

우리나라 양계장에서 자라는 닭도 마찬가지입니다. 닭고기를 얻으려고 키우는 닭을 '육계'라 부르는데, 양계장에서 태어난 육계는 약 30일이 지나면 도축됩니다. 고기를 얻는 것만이 목적이기 때문에 닭이 다 클 때까지 기다리지 않고 무게만 어느 정도 되면 일찍 도축해 버리는 거죠. 육계 사육장에는 언제나 환한 불빛을 켜 둡니다. 닭들이 밤낮없이 사료를 먹어 최대한 빨리 몸집을 불리게 하려고요. 진짜냐고요? 다음에 치킨을 먹을 때 뼈를 한번 확인해 보세요. 닭 뼈의 끝에 채 단단해지지 않은 연골이 남아 있을 거예요. 닭이 미처 뼈가 다 굳을 정도로 크기도 전에 도축되었기 때문입니다.

달걀을 얻으려고 키우는 '산란계'도 사정이 그리 다르진 않습니다. 산란계는 좁은 사육장에 갇혀 평생 알을 낳을 운명입니다. A4 용지보다 더 작은 철망 사육장에서 평생을 사는 겁니다. 스트레스로 서로를 쪼아 상처 내지 않게 부리도 절단당한 채로 말이죠. 이렇게 좁은 곳에 모여 사는 닭들에게 가장 큰 문제 중 하나는 전염병입니다. 한번 전염병이 발생하면 속수무책으로 퍼져나가 수만 마리의 닭이 폐사하기 쉽지요. 그런 일을 막으려고 양계장 주인들은 닭들에게 항생제를 먹입니다. 항생제를 필요한 양 이상 먹이는 남용도 심심치 않게 발생하지요. 이렇게 닭고기에 남은 항생제는 인체에도 흡수될 수 있고, 항생제에 내성이 있는 세균을 만들 우려도 있습니다.

야생 상태의 적색야계는, 포식자에게 잡아먹히지 않는다면 약 30년까지도 살 수 있습니다. 그들의 후손은 공장식 사육장 속에서 그 100분의 1도 되지 못하는 시간을 사는 것이죠. 이것이 우리가 접하는 저렴한 닭고기 뒤에 숨겨진 이야기입니다. 품종 개량과 공장식 축산 시스템은 식량 혁명을 가져다주었지만, 이것이 모두에게 좋은 변화라고 볼 수는 없을 것 같아요. 닭의 입장에서는 더더욱 말이죠.

인간의 시대 '인류세'는 어쩌면 닭의 시대?

공장식 축산 시스템에 힘입어 이제 지구에는 엄청나게 많은 닭

이 살고 있습니다. 현재 추산되는 닭의 수는 약 230억 마리인데, 사람 한 명당 닭 세 마리 정도의 비율이지요. 인류는 심지어 1년에 약 700억 마리의 닭을 먹어 치웁니다. 도축된 닭은 어마어마한 양의 깃털과 뼈를 남기죠. 2018년 12월, 영국 레스터대학교 캐리스 베넷 박사의 연구팀은 이 어마어마한 양의 닭 뼈가 '인류세'의 신호가 될 수도 있겠다고 생각했습니다.

최근 과학계에서는 새로운 지질시대인 인류세를 도입해야 한다는 논의가 활발합니다. 지질학자들은 길이가 가장 긴 '누대'부터 '대', '기', '세', 가장 짧은 '절'에 이르는 단위로 지질시대를 구분합니다. 예를 들어 우리가 사는 현재의 지질시대는 신생'대' 제4'기'에 속하는 홀로'세'로, 마지막 빙하기가 끝난 약 1만 2000년 전에 시작되었습니다.

그런데 인류가 지구의 환경을 근본적으로 바꾸고 있다는 연구 결과가 잇달아 발표되면서, 인류의 영향으로 변화한 지구를 표현하려면 지질시대의 새로운 구분이 필요하다는 의견이 나왔습니다. 이것이 새로운 지질시대가 될지도 모르는 '인류세'입니다. 그렇다면 어느 것을 기준으로 인류세를 구분해야 할까요? 지질학자들은 대기 중 이산화탄소 농도가 올라가기 시작한 산업혁명, 원자폭탄이 터지면서 오랫동안 사라지지 않을 방사성 원소가 방출된 1945년, 썩지 않는 플라스틱이 만들어진 20세기 초 등 다양한 기준을 제안했습니다.

그 기준 중 하나가 바로 레스터대학교 연구팀이 제안한 닭 뼈입니다. 인류가 지구를 바꾼 신호로, 닭이 '표준화석'이 될 가치가 있다는 뜻이지요. 표준화석은 지층의 연대를 알려 주는 화석으로, 삼엽충이 대표적인 예입니다. 고생대 전 지구의 바다에서 엄청난 양이 살다 중생대에는 완전히 사라졌기 때문에, 삼엽충의 화석이 발견되면 고생대라고 추측할 수 있어요. 캐리스 베넷은, 닭은 뼈 수가 워낙 많은 데다 전 세계에서 사육되고 있어 인류세의 삼엽충이 될 수 있겠다고 생각했습니다. 미래의 외계인 지질학자들은 닭 뼈 화석을 보고 인류세 지층을 찾아낼 수 있을 거란 뜻이죠.

인류세가 과연 합당한 구분인지, 무엇이 인류세의 기준이 될 수 있을지, 심지어 '인류세'라는 이름이 적당한지는 아직도 수많은 분야의 학자들이 논쟁하고 있습니다. 이른 시일 내에 인류세의 정의가 확정될 것 같아 보이지도 않고요. 하지만 한 가지는 명확합니다. 지구의 환경을 변화시킬 정도로, 그래서 인류세 논쟁에서 진지하게 논의될 정도로, 현재의 인류가 닭을 엄청나게 먹어 치우고 있다는 사실이지요.

닭은 화려하고 늠름한 밀림의 새에서 이제는 고기와 달걀을 얻으려고 개량된 푸둥푸둥한 모습으로 변했습니다. 인간이 만들

어 낸 닭의 변화가 이제 곧 지구의 지층에 상징처럼 새겨질 수 도 있겠습니다.

전자레인지

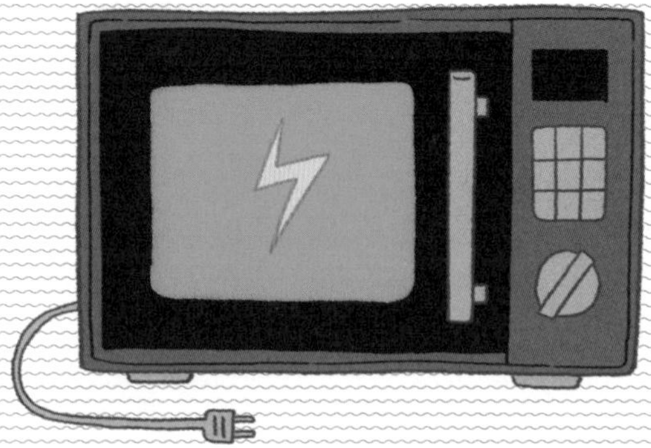

전쟁으로 태어난 발명품

아무리 편의점에서 푸짐한 저녁거리를 샀다 하더라도 음식을 데워 줄 열기가 없다면 말짱 꽝입니다. 차가운 삼각김밥, 미지근한 컵라면, 식어 빠진 치킨은 인생을 서글프게 만들 뿐이죠.

다행히 편의점에는 단 2분 만에 냉동 음식을 김이 모락모락 나는 따끈한 음식으로 부활시켜 주는 마법의 기계, 전자레인지가 있습니다. 편의점이든 집이든 흔히 볼 수 있는 조리 도구라 생각 없이 지나치기 쉽지만, 반세기 전만 해도 전자레인지는 최신 기술이 집약된 전자 기기였습니다. 제2차 세계대전의 판세를 돌려놓은 핵심 기술에서 태어났지요. 그러니 전자레인지의 위력을 무시하면 안 됩니다. 진짜예요. 이 네모난 상자로 플라스마를 만들고 천문학자들을 골탕 먹이는 등 별별 희한한 일을 해낼 수 있다니깐요?

잠깐만요, 전자레인지로 천문학자를 골탕 먹일 수 있다고요?

천문학자들,
전파망원경으로 우주인 대신 아침 식사를 잡다!

오스트레일리아 남동부의 한적한 벌판에는 지름이 64미터나 되는 접시 모양 안테나가 펼쳐져 있습니다. 이곳은 파크스 전파천문대로, 여기서 일하는 전파천문학자들은 안테나로 우주에서 오는 전파를 관측합니다. 1969년 아폴로 11호의 달 착륙 때 영상을 중계하는 등 천문학의 역사에서 빠질 수 없는 이곳에서 특이한 신호가 검출된 것은 1998년이었습니다.

우주의 천체들은 우리가 눈으로 보는 빛인 가시광선은 물론이고 자외선이나 적외선 등 다양한 파장의 전자기파를 방출합니다. 전파는 파장이 상당히 긴 전자기파로, 보통 전파천문학자들의 관측 대상은 빠르게 회전하는 펄서+나 감마선 폭발++처럼 까마득히 먼 우주에서 벌어지는 거대한 천문 현상이었습니다. 그런데 이번에 발견한 전파 신호는 뭔가 달랐습니다. 이 신호는 2.3~2.5기가헤르츠(GHz) 주파수대에서 0.25초 정도 지속되는 강한 전파였는데, 비교적 가까운 우리은하 안에서 만들어진 것처

+ 규칙적으로 전파를 방사하는 중성자별.

++ 질량이 큰 항성이 붕괴하면서 내뿜는 강한 감마선의 섬광.

럼 보였죠.

놀랍게도 파크스 천문대는 이후로 비슷한 전파 신호를 10년 넘도록 꾸준히 발견했습니다. 2012년에는 16개나 되는 신호를 발견했고, 심지어 위치를 추적하니 지구 대기권 가까운 곳에서 만들어진 것으로 드러났습니다. 전파 신호가 만들어지는 시간을 추적해 보니, 평일 늦은 오전에 주로 만들어진다는 사실도 알려졌지요. 도대체 어떤 자연현상이 지구의 달력에 맞춰 주말에 쉰다는 말입니까? 비행기? 번개? 비밀스러운 핵실험의 흔적? 주 5일제로 일하는 외계인? 천문학자들은 이 혼란스러운 신호에 작가 호르헤 루이스 보르헤스가 만들어 낸 전설의 동물 이름을 따 '페리톤'이라는 이름을 붙였습니다.

페리톤의 정체가 드러난 건 4년 후였습니다. 호주 스윈번공과대학교의 에밀리 페트로프 연구팀이 찾아낸 용의자는 104억 광년 떨어진 우주나 머리 위 20킬로미터 상공이 아닌 전파천문대 뒤편 휴게실에 있었습니다. 페리톤의 주파수가 전자레인지가 만들어 내는 마이크로파의 주파수와 동일하다는 것을 알아낸 겁니다. 연구팀은 물을 가득 채운 머그잔을 전자레인지에 10~60초 정도 돌려 가며 실험한 끝에, 전자레인지가 돌아가는 와중에 전자레인지의 문을 열면 페리톤이 발생한다는 사실을 알아냈습니다. 짧은 시간 동안 미처 꺼지지 않은 전자레인지의 문틈으로 마이크로파가 새어 나오는 것이었죠. 알고 보니 전파천문대의 직원이 매일 전자레인지를 이용해 점심을 따끈하게 데웠다는 게 밝혀졌지요. (나만 성질 급한 게 아니었네!)

페리톤의 정체가 외계인이 아니라 아쉬울 수도 있겠지만, 이 이야기는 현대 문명에서 전자레인지가 가지는 위상을 보여 줍니다. 외진 시골에 있는 전파천문대, 전파 오염을 막으려고 휴대전화, 라우터, 블루투스 기기도 쓰지 못하는 곳에서 천문학자들의 식사를 책임지던 위대한 발명품이 바로 전자레인지였던 거죠! 비록 파크스 천문대의 불행한 전파천문학자들은 더는 따뜻한 점심을 먹지 못하겠지만요.

전자레인지는 어떻게 음식을 데울까

요리는 식재료가 충분히 변성될 때까지 외부(보통은 냄비 밑바닥)에서 열에너지를 주입하는 과정입니다. 이를 통해 식재료는 먹어서 영양분을 얻기 쉬운 상태로 변하고, 우리는 따뜻하고 부드러운 음식(예를 들어 치즈크러스트 피자)을 먹을 수 있지요. 달군 돌부터 화덕, 아궁이, 가스레인지, 하이라이터, 인덕션까지, 열에너지를 만드는 원리가 다를 뿐 대부분의 조리 기구는 불을 통해 열에너지를 주입합니다.

전자레인지는 열을 가하는 원리를 속에서부터 밖으로 뒤집었다는 점에서 완전히 새로운 조리 기구입니다. 식재료 속에 있는 물 분자를 날뛰게 만들어서 음식을 가열하는 겁니다. 이것이 가능한 이유는 전자레인지가 만들어 내는 '마이크로파' 덕분입니다.

마이크로파는 약 12센티미터 정도 길이의 파장을 가진 전자기파입니다. 전기장과 자기장이 주기적으로 떨리면서 전달되는 파동인 전자기파는 파장에 따라 다양한 특성을 지니는데, 예를 들어 파장이 약 400~700나노미터인 가시광선은 우리의 눈으로 '볼 수 있다'는 특성이 있고, 700나노미터~1밀리미터인 적외선은 비친 부분을 따뜻하게 해 주죠. 여러분의 DNA를 파괴하여 피부암을 일으킬 수 있는 파괴적인 특성을 지닌, 10~400나노미터 파장의 자외선도 있습니다.

마이크로파의 특성은 물 분자와 특별한 상호작용을 한다는 겁니다. 물 분자는 수소 원자 두 개와 산소 원자 한 개가 결합한 미키마우스 모양으로, 전기력에 끌리는 성질을 지니고 있습니다. 아까 전자기파가 전기장과 자기장의 주기적인 떨림이라고 한 것 기억나나요? 물 분자에 마이크로파를 쬐어 주면 변화하는 전기장에 따라 물 분자가 돌아 버리기 시작합니다. 표현 그대로 마이크로파의 주파수에 맞춰 1초에 무려 24억 5000만 번 방향을 바꾸면서 돌아 버리는 겁니다. 이 격렬한 춤사위로 인해 물 분자를 포함한 음식 분자들이 빠르게 움직이면서 음식이 따뜻하게 데워집니다. 즉, 물 분자가 전자레인지 가열의 열쇠인 거예요.

이 원리를 알고 나면, 왜 건조 음식은 전자레인지에 넣어도 별로 따뜻해지지 않는지, 오래 데운 피자는 왜 맛이 없는지 알 수 있습니다. 건조 음식은 수분이 없으니 뜨거워지기 쉽지 않고, 피자를 오래 데우면 따뜻해지는 대신 수분이 다 날아가기 때문에 도우가 말라 딱딱하고 질겨지죠.

마이크로파는 물 이외에 지방과 당분도 가열할 수 있습니다. 유리나 세라믹은 마이크로파를 흡수하지 않아서(즉, 가열되지 않아서) 전자레인지에 써도 괜찮습니다. 그런데 금속은 마이크로파를 반사하고 유도 전류를 만들어서 불똥을 튀게 할 수도 있습니다. 그래서 금속 그릇은 물론이고 은박지나 알루미늄 포일, 일회용 라면 뚜껑은 전자레인지에 넣지 않도록 조심해야 합니다. 은박지로 코팅된 컵라면 뚜껑을 반만 열고 전자레인지에 돌리면 곧 컵라면 뚜껑이 불타는 모습을 볼 수 있을 테니깐요.

껍질을 까지 않은 날달걀은 금속과 다른 이유로 데우면 안 됩니다. 달걀 내부의 물이 끓어 급속히 팽창하면 달걀이 폭발할 수 있거든요. 비슷한 원리로 밤처럼 껍질이 단단한 열매, 뚜껑이 닫

마이크로파 댄스파티
물분자 전용
저기 되게 핫하다…
세라믹
우리는 춤 못 춘대…
유리

힌 용기도 데우면 안 됩니다. 에헤이! 직접 실험하지 마세요! 곧 전자레인지로 할 수 있는 더 안전한 실험 몇 가지를 알려 줄 테니까요.

전자레인지, 전쟁통에 태어난 발명품

전자레인지가 탄생할 수 있었던 데는 제2차 세계대전의 역할이 컸습니다. 그 시작은 '레이더'였죠. 레이더는 제2차 세계대전 중 만들어진 가장 중요한 발명품으로, 전파를 쏘아 돌아오는 반사파를 이용하여 적군 항공 부대의 존재를 알아내는 장치입니다. 레이더는 대전 초에 일어난 독일과 영국의 항공전에서 훌륭한 역할을 해냈습니다. 독일 전투기와 폭격기가 어디로 날아오는지 알려 줘서 영국 측이 독일군의 공격을 쉽게 막아 낼 수 있도록 도운 것이지요.

이 레이더의 중요한 부품 중 하나는 하늘로 쏘아 올릴 전파를 만드는 '캐비티 마그네트론(공동 자전관)'입니다. 캐비티 마그네트론을 조절하여 물 분자를 돌아 버리게 만드는 적절한 파장의 마이크로파가 나오게 만들 수 있다면 물을 끓일 수 있겠죠. 실제 발명은 반대 방향으로 진행되었는데, 이 일을 해낸 사람은 미국의 군수 기업 레이시온에서 일하던 공학자 퍼시 스펜서였습니다.

1945년의 어느 날, 마그네트론을 시험하던 퍼시 스펜서는 자기 주머니에 들어 있던 초코바가 녹아 버렸다는 사실을 알아차렸다고 합니다. 그는 마그네트론에서 만들어진 전자기파가 초코바를 녹였을 거라 추측하고, 몇 가지 식재료를 더 가지고 와서 실험해 보았죠. 전설에 따르면 전자레인지에 처음으로 들어간 역사적인 음식은 바로 옥수수 낟알이었고, 그것은 실험자들의 눈앞에서 팝콘으로 멋지게 변신했습니다. 다음 실험 재료는 달걀이었는데, 마이크로파로 가열된 달걀은 펑 하고 터지고 말았습니다. (안타깝게도 그때는 전자레인지 설명서가 만들어지기 전이었거든요.)

사방으로 음식 조각이 튀는 실험 끝에 퍼시 스펜서는 마이크로파가 물의 온도를 높인다는 사실을 알아냈고, 그가 출원한 특허를 사들인 레이시온은 1947년 최초의 상용 전자레인지인 '레이더레인지'를 출시합니다. 레이더레인지는 높이 약 1.8미터에 무게는 340킬로그램, 가격은 지금 시세로 5800만 원 정도라 팝콘이나 튀기기에는 좀 부담스러운 기계였지요. 가정용으로 쓸 수 있는 작은 전자레인지는 1967년이 되어서야 나오게 됩니다. 크기와 가격이 줄어들면서, 불을 직접 다룰 필요가 없고 사용법이 간편한 전자레인지의 매력이 뒤늦게 가정에 어필하게 된 것이죠. 하지만 전자레인지가 바꾼 풍경은 가정집과 편의점뿐만은 아니었습니다. 마이크로파 가열은 현재 요리는 물론이고 공장에서 섬유나 종이, 플라스틱 등 다양한 재료를 건조할 때도 널리 쓰이고 있거든요.

전자레인지로 이런 실험도 할 수 있다?

전자레인지로 할 수 있는 일이 피자 데우기만 있는 건 아닙니다. 편의점에 찾아온 배고픈 손님들만큼이나 전자레인지에 열광하는 집단이 바로 과학자인데, 이 사람들은 심심하면 전자레인지에 자신이 연구하던 재료를 돌려 봅니다. 진짜로요. 2021년 초에는 미국 와이오밍대학교의 연구자들이 석탄가루를 전자레인지에 넣고 돌리면 산업 전반에서 쓰이는 고품질 흑연을 만들 수 있다는 연구 결과를 발표하기도 했습니다. 15분 정도 돌렸을 때 제일 효과가 좋았다는군요. 하지만 식사를 넣어야 할 전자레인지가 석탄가루로 더러워진 꼴을 보고 싶은 사람은 없을 테니, 훨씬 간단하고 유명한 전자레인지 실험을 두 가지만 알려 줄게요.

실험 1. 초콜릿으로 빛의 속도를 구하기

여러분도 초코바로 전자레인지를 만들어 낸 퍼시 스펜서의 후예가 될 수 있습니다.

• 준비물: 전자레인지, 넓고 얇은 판 초콜릿, 자

• 난이도: ★★★ (적당히 할 만함)

(1) 전자레인지 바닥의 돌림판을 뺍니다.

(2) 전자레인지 바닥에 널찍한 그릇을 깔고, 그 위에 넓은 판 초콜릿을 얹습니다. 다른 잘 녹는 재료, 예를 들어 마시멜로 두 봉지를 깔아 놓아도 상관없습니다. 입맛대로 선택하세요.

(3) 전자레인지를 15초 정도 가동하세요.

(4) 문을 열고 초콜릿이 녹은 모습을 확인합니다. 일부분만 녹아 있다면 성공입니다. 초콜릿이 녹지 않았다면 좀 더 긴 시간 동안 돌리세요. 다 녹아 버렸다면 후회로 땅을 한 번 친 다음 새 초콜릿을 준비해서 좀 더 짧은 시간 동안 돌리세요.

(5) 초콜릿이 가장 많이 녹은 두 지점의 거리를 자로 잽니다.

(6) 자로 잰 거리(cm)에 2를 곱하고, 여기에 2.45×10^9을 곱합니다. 얼마가 나왔나요? 실제 빛의 속도는 약 초속 3.00×10^{10}센티미터입니다. 비슷한 숫자가 나왔나요?

어떻게 된 걸까?

모든 전자기파는 속력이 같습니다. 전자레인지에서 쓰는 마이크로파든, 우리가 볼 수 있는 가시광선(빛)이든 마찬가지입니다. 속력은 같고 파장의 길이가 다른 전자기파죠. 즉, 마이크로파의 속력을 구한다면 빛의 속력을 구한 것이 됩니다.

$$\upsilon = f\lambda$$

전자레인지에 쓰이는 마이크로파의 주파수(f)와 마이크로파의 파장 길이(λ)를 구해서 곱해 주면 빛의 속도(υ)를 구할 수 있습니다. 보통 전자레인지에서 쓰이는 마이크로파의 주파수는 2.45기가헤르츠(GHz), 즉 2.45×10^9헤르츠(Hz)입니다.

그러면 마이크로파의 파장 길이는요? 마이크로파 파장은 전자레인지 내부에서 움직이지 않는 정상파+의 형태로 존재합니다. 즉, 파장의 길이에 따라 가열이 강하게 일어나는 부분이 있고 가열이 잘 일어나지 않는 부분이 있다는 뜻이죠. 피자가 한쪽만 데워지는 불상사를 막으려고 전자레인지 밑바닥에는 음식이 마이크로파를 골고루 받아 데워지도록 빙글빙글 돌아가는 회전

+ 한정된 공간에 갇혀서 제자리에서 진동하는 파동.

판이 있습니다.

그런데, 두둥! 우리는 회전판을 뺐기 때문에 초콜릿의 일부분만 녹은 것을 관찰할 수 있어요. 초콜릿이 가장 많이 녹은 부분이 마이크로파의 강도가 가장 강한 부분으로, 녹은 부분 사이의 거리를 잰 후 2를 곱해주면 마이크로파 파장의 길이를 구할 수 있습니다. 이제 두 수를 곱하면 빛의 속도를 구할 수 있지요!

실험 2. 포도알로 플라스마 만들기

포도알만 있으면 번개, 아니 플라스마를 만들 수 있다니 마법사 부럽지 않습니다. 여러분도 전자레인지로 해리 포터가 되어 보세요! 물론 안전에 유의하고요.

- 준비물: 전자레인지, 포도알, 칼, 작은 플라스틱 통
- 난이도: ★★★★ (위험할 수 있음)

※경고: 전자레인지가 다칠 수 있습니다.

(1) 포도알 하나를 반으로 자릅니다. 끝부분을 살짝 남겨 놓아 잘린 포도알이 서로 떨어지지 않도록 합니다.

(2) 포도알을 전자레인지에 넣고 플라스틱 통을 뒤집어 덮어씌웁니다. 발생하는 플라스마가 퍼지는 것을 막기 위해서입니다.

(3) 전자레인지를 15초 정도 돌려 봅니다. 화르륵! 포도알에서

갑자기 붉은 빛이 튀어 올랐나요? 축하합니다. 방금 플라스마를 봤습니다!

어떻게 된 걸까?

플라스마는 고체, 액체, 기체와 같은 물질의 상태 중 하나입니다. 기체 원자의 전자가 떨어져 나가면서 전자와 이온이 분리된 상태죠. 번개나 태양에서 뿜어져 나오는 물질의 흐름인 태양풍이 플라스마의 예입니다.

도대체 포도알을 전자레인지에 돌려 볼 생각을 처음으로 한 사람은 누구일까요? 여하튼, 반으로 자른 포도알을 가까이 붙인 후 전자레인지에 돌리면 플라스마가 만들어진다는 사실은 이전부터 알려져 있었습니다. 왜 플라스마가 만들어지는지 밝혀진 것은 2019년, 캐나다 트렌트대학교의 아론 슬렙코브 교수와 파블로 비아누치 교수 연구팀이 논문을 발표하면서입니다.

두 연구자는 이온화된 포도알 내부의 분자가 사방으로 퍼지는 과정에서 전자레인지 안의 기체와 만나 부딪쳐 플라스마가 만들어진다고 분석했습니다. 포도알에는 질량의 70퍼센트를 차지하는 물과 포타슘(칼륨), 소듐(나트륨) 등 마이크로파를 흡수해 이온화되기 쉬운 분자가 가득합니다. 이들이 이온화되어 주변 기체와 부딪치면서 플라스마 불꽃이 일어난 것이죠.

연구팀은 실험 도중에 전자레인지 열두 대를 망가뜨렸다고 하니, 아무리 플라스마가 신기해도 친구들에게 보여 준다고 실험을 여러 번 하는 걸 추천하고 싶진 않네요!

콜라

어떻게 콜라로 분수를 만들 수 있을까?

식사 잘 마쳤나요? 식사가 끝나면 우리는 자연스레 입 안을 상쾌하게 헹구어 줄 음료수를 찾게 됩니다. 그중 가장 먼저 생각나는 건 역시 콜라지요. 특히 느끼한 음식을 먹었을 때는 콜라만 한 음료가 없습니다. 기름기는 물론이고 더부룩한 속까지 시원해지는 기분이라니까요.

사실 콜라는 다재다능한 물질로, 인터넷을 뒤져 보면 콜라로 할 수 있는 별의별 일이 나옵니다. 흔든 채로 건네줘서 친구를 골탕 먹이고(가능합니다), 요리할 때 설탕 대신 넣고(가능합니다), 화장실 변기를 청소할 때 쓰고(가능합니다), 시체를 녹여서 숨길 때도*(불가능합니다……?) 쓴다고 나옵니다. 아, 물론 마실 수도 있지요.

이 중 아마 가장 유명한 콜라 활용법은 '분수 만들기'일 겁니다. 콜라로 분수를 만든다고요? 저도 유튜브에서 보긴 했는데, 이거 진짜 되나요?

콜라 분수 만드는 법 알려 줍니다

예. 됩니다. 제가 수도 없이 해 봤거든요.

예전에 과학관에서 잠깐 일한 적이 있습니다. 관람객들 앞에서 다양한 과학 실험을 하는 게 제 일이었는데, 그중 가장 인기 있었던 게 바로 '콜라 분수' 실험이었습니다. 20세기 초에 이미 알려져 있었고 미국화학회에서도 소개할 정도로 유서 깊은 화학 실험인 콜라 분수 실험을 하려면 1.5리터짜리 다이어트 콜라 한 병과 멘토스 캔디가 필요합니다. 이외에 걸레 두세 장과 깨끗한 티셔츠도 한 장 챙겨 놓으면 좋습니다.

실험은 간단합니다. 우선 넓은 공터 복판에 다이어트 콜라를 세워 놓고 뚜껑을 엽니다. 구경하는 친구들에게 뒤로 물러서라고 얘기하고, 멘토스 몇 알을 손에 쥐세요. 함께 하나, 둘, 셋을 외친 후 멘토스를 콜라병 안으로 집어넣고 도망치세요! 그러면 콜라가 갑자기 부글부글 끓어오르다가 분수처럼 솟아오르는 모습을 볼 수 있을 겁니다. 와! 정말 신기하죠?

\+ ……아마도요. 사람 시체는 모르겠지만, 작은 크기라면 가능할지도 모릅니다. 2017년, 미국 사우스다코타의 한 남자가 콜라 캔에서 빠져 죽은 쥐가 나왔다고 코카콜라에 소송을 건 적이 있습니다. 이에 대해 코카콜라 측은 "실제로 콜라에 빠져 죽은 쥐라면 지금쯤 훨씬 많이 녹아 있어야 한다"라고 대응했지요.

어떻게 콜라 분수가 솟아오르는 걸까요? 첫 번째 비밀은 콜라에 녹아 있는 이산화탄소(CO_2) 기체입니다. 콜라 같은 탄산음료는 이산화탄소를 음료수에 녹여서 만듭니다. 이산화탄소가 물(H_2O)에 녹으면 그중 일부가 탄산(H_2CO_3)이라는 약한 산을 만듭니다. 이 탄산이 탄산음료 특유의 시원하면서도 톡 쏘는 느낌을 가져다주죠. 탄산음료를 만들 때는 높은 압력의 이산화탄소를 액체에 주입합니다. 압력이 높을수록 음료수에 기체 이산화탄소가 더 많이 녹거든요. 우리가 이렇게 만들어진 탄산음료를 마시려고 뚜껑을 따면, 압력이 낮아지면서 음료수에 녹아 있는 이산화탄소가 기체로 변해 피어오릅니다. 바로 콜라나 사이다에서 볼 수 있는 거품이지요.

이 이산화탄소 거품은 컵 내부의 우둘투둘한 표면에서 빠르게 만들어집니다. 유리컵에 담긴 콜라를 상상해 보세요. 맨눈으로는 매끈해 보이지만, 유리컵을 현미경으로 확대해서 관찰하면 우둘투둘한 부분이 있을 거예요. 이산화탄소 기체는 이런 곳에서 모여서 거품으로 커집니다. 이것이 두 번째 비밀입니다. 멘토스는 혀끝에서 굴려 보면 미끈미끈하게 느껴지지만, 실제로 표면에는 크기 2~7마이크로미터(μm, 10^{-6}m) 정도 되는 작은 구멍이 무수히 뚫려 있습니다. 이 거친 표면이 이산화탄소 거품을 만드는 공장 역할을 하는 겁니다. 멘토스가 콜라에 풍덩 빠지는 순간

멘토스 표면에서 이산화탄소 거품이 폭발적으로 만들어집니다. 이산화탄소 거품이 콜라병 입구로 넘치다 못해 분수처럼 솟아오르면서 콜라 분수가 만들어지는 것이죠.

콜라 분수 실험, 재미있었나요? 실험이 끝났으면 걸레로 주변을 닦고 정리합시다. 콜라가 튀어 더러워진 티셔츠도 갈아입고요.

콜라 분수 더 높이 솟게 하는 방법도 알려 줍니다

과학관에서 콜라 분수 실험을 할 때 실험보다 힘든 건 뒷정리였습니다. 실험이 끝나면 끈적거리는 콜라가 실험복에는 물론이고 사방으로 튀어서 닦아 내는 게 장난이 아니었거든요. 그래서 실험이 잘될수록 뒷정리는 오히려 힘들었습니다. 한번은 콜라 분수 만들기를 너무나 좋아했던 제 직장 동료가 남은 멘토스를 한번에 쏟아붓는 바람에 분수가 과학관 천장까지 솟은 적도 있어요. 관람객들은 즐거움의 비명을 질렀지만 저는 걱정의 비명을 질렀죠. 실험이 끝나고 나서도 한동안 천장에서 콜라가 뚝뚝 떨어지더군요. (과학관 직원들한테는 비밀입니다.)

유튜브에는 수많은 콜라 분수 실험 영상이 올라와 있습니다.

Coca-Cola

음식이 아깝다는 생각이 들 정도로 엄청난 양의 콜라와 멘토스를 때려 붓는 영상도 있고요.+ 그런데 탄산음료의 종류가 많은데 왜 이 실험에서 굳이 다이어트 콜라를 쓰라는 걸까요? 놀랍지 않게도 화학자들은 이에 대해서도 연구를 진행했습니다. 특히 미국 스프링아버대학교 화학과 교수 토머스 쿤츨먼은 콜라 분수에 관해서만 열 편 가까운 논문을 썼지요. 이분의 설명 중 한 가지는, 다이어트 콜라에 들어 있는 인공감미료인 아스파탐 때문이라는 겁니다. 다이어트 콜라는 열량을 낮추려고 설탕이 아닌 인공감미료를 대신 넣는데, 아스파탐은 음료수의 표면 장력을 줄이는 효과를 냅니다. 표면 장력은 액체의 표면이 스스로 수축하려는 힘인데, 표면 장력이 줄어들면 상대적으로 거품이 더 잘 생깁니다. 또 다이어트 콜라가 다른 탄산음료보다 덜 끈적거리기 때문에 분수가 더 높이 솟을 거라는 추측도 있지요.

콜라 분수를 더 높게 솟게 하는 또 다른 방법은 대기압이 낮은 높은 산 정상에서 분수를 만드는 겁니다. 대기가 우리를 누르는 힘인 대기압이 낮으면, 그만큼 콜라 내부에서 거품이 더 쉽고 빠르게 솟구치겠지요. 어떤 이상한 사람이 산 정상까지 가서

+ 2014년 11월, 멕시코에서 동시에 4,334개의 콜라 분수를 터뜨려 기네스 세계 기록에 올랐습니다. 이 사람들은 콜라 분수에 몸이 젖는 걸 피하려고 우비를 입고 모였다고 하네요.

콜라 분수를 만들겠냐고요? 역시나 토머스 쿤츨먼입니다. 그는 대기압에 따라 콜라 분수의 높이가 정말 달라지는지 확인하려고 미국 전역을 돌아다니면서 콜라 분수를 터뜨렸습니다. 대기압이 높은 해수면보다 낮은 고도부터, 콜로라도에 있는 4,300미터 높이의 '파이크스 피크'까지 올라가 콜라 분수를 만들었지요. 그 결과 실제로 고도가 높을수록 콜라 분수가 폭발적으로 치솟는다는 결과가 나왔습니다. 보세요, 세상 사람들이 (혹은 토머스 쿤츨먼이) 이렇게나 콜라 분수에 진심입니다!

콜라, 처음에는 약으로 팔렸다

모든 탄산음료의 원형인 탄산수는 1767년에 영국의 성직자이자 과학자인 조지프 프리스틀리가 물에 이산화탄소를 녹여서 처음으로 만들었습니다. 양조장 옆에 살았던 프리스틀리는 발효 중인 맥주 표면(아, 맥주도 탄산음료의 일종이죠)에서 눈에 보이지 않는 무거운 공기가 움직이는 걸 발견하고, 이 공기와 물을 섞어 탄산수를 만들었습니다. 이렇게 만들어진 탄산수는 처음에는 약품으로 각광받았습니다. 당시 사람들은 이산화탄소가 살균 작용을 한다고 믿었거든요. 이후 탄산수에 단맛을 내는 당, 향과 색깔을 내는 합성 착향료와 합성 착색제가 들어가면서 본격적인 탄산음료 시대가 열렸습니다.

사람들이 탄산수를 약품으로 여겼으니, 초기의 탄산음료를 만든 사람들이 대부분 약제사인 것도 당연합니다. 특히 19세기 미국의 가짜 약 시장은 가히 복마전에 가까웠는데, 현대에는 불법인 원료도 심심찮게 쓰였습니다. 마약으로 쓰이는 모르핀을 포함하여 출처를 알 수 없는 원료로 만든 정체불명의 약품을 말도 안 되는 광고를 붙여 팔아댄 것입니다.

이 뺑쟁이 중 가장 유명해진 사람은 미국 애틀랜타의 존 펨버턴입니다. 1886년 5월, 그는 경쟁이 치열한 탄산음료 시장에서 차별화하려고 남미에서 자라는 콜라나무 열매 추출물을 넣은 피로 회복제에 '코카콜라'라는 이름을 붙여 판매하기 시작합니다. 이것이 위대한 음료, 코카콜라의 시작입니다. 실제로 콜라나무 열매에는 카페인이 들어 있으니 당연히 각성 효과를 일으킬 수밖에 없었죠.✚

✚ 현재 250밀리리터 콜라 한 캔에는 23밀리그램의 카페인이 들어갑니다.

적당한 용기가 없으면 탄산음료도 없다?!

코카콜라는 처음에는 시럽 형태로 팔렸습니다. 탄산음료를 파는 상점에서 콜라 시럽을 탄산수에 섞은 후 고객들에게 팔았죠. 콜라가 지금처럼 음료 형태로 팔리려면 탄산음료를 잘 보관할 용기가 필요했습니다.

지나치기 쉽지만, 음료를 마실 때 안에 든 내용물만큼이나 중요한 것이 음료 용기입니다. 음료수 용기는 단순히 음료수를 담는 기능을 넘어, 오랫동안 맛이 변하지 않도록 보관하는 역할도 하거든요. 탄산음료의 경우 가장 큰 문제는 안에 든 탄산입니다. 탄산이 새어 나가지 않도록 꼼꼼하게 밀봉되면서(아무도 김빠진 콜라를 원하지 않습니다), 압력을 견딜 수 있는(그렇다고 가방 속에서 콜라 분수가 터지길 원하는 사람은 더더욱 없습니다) 용기가 있어야 탄산음료를 먼 곳까지 안전하게 운반하고 판매할 수 있는 겁니다.

1899년, 처음으로 콜라를 담은 용기는 유리병이었습니다. 유리가 탄산의 압력을 견딜 정도로 강한 재질이기 때문입니다. 물론 유리만으로 탄산의 압력을 견딜 수는 없습니다. 뚜껑이 탄산의 압력을 버틸 수 없다면 금방 입구가 터져 버리고 말 테니까요. 과거 코르크 마개를 사용하던 시절, 유리병 탄산음료의 가장 큰 문제는 뚜껑으로 탄산이 빠져나가 금방 김이 새 버리고 마는 점이었습니다. 이를 해결한 것이 1892년 미국에서 발명된 '왕관 병뚜껑'입니다. 병뚜껑 주변에 오돌토돌한 이가 나 있어 입구를 꽉 물고 있는 모습이 왕관을 닮았다고 해서 붙은 이름이죠.

코카콜라 측은 처음에 맛이 변질될까 하는 걱정으로 콜라를 병에 담아 파는 걸 마뜩잖게 생각했습니다. 하지만 일단 병에 담아 팔기 시작하자, 콜라는 탄산 주입기가 없는 식료품점이나 야구장 등지에서 팔 수 있게 되면서 훨씬 널리 퍼지게 되었죠. 특유의 곡선 디자인으로 유명한 콜라병이 만들어진 것은 1916년의 일입니다.

그 후로 콜라 용기는 진화에 진화를 거듭해 왔습니다. 1950년대에는 유리를 대신해 알루미늄이라는 새로운 재료가 용기에 쓰이기 시작했지요. 유리병이 무겁고 깨지기 쉬운 데 비해, 알루미늄 캔은 훨씬 가볍고 충격에도 강합니다. 열전도율이 높아 냉장고에 넣어 두면 금방 시원해지죠. 알루미늄은 또한 가벼운 데다 잘 휘어지고 구겨져 캔을 만들기 쉽습니다. 게다가 탄성이 높아, 내부의 압력에도 쉽게 터지지 않고 탄산음료를 잘 보관할 수 있죠.

탄산음료 용기 패밀리의 가장 신참은 플라스틱 페트병입니다. '폴리에틸렌 테레프탈레이트(PET)'라는 플라스틱으로 1974년부터 만들어지기 시작했는데, 가볍고 튼튼해서 대용량

용기를 만들기 쉽습니다. 투명해서 내용물을 보기 쉽다는 장점도 있죠.

코카콜라, 콜라 대령과 함께 세계로 퍼지다

용기의 진화와 함께, 코카콜라는 미국을 넘어 전 세계인의 인기 음료로 성장해 왔습니다. 코카콜라가 인기를 얻은 결정적 계기는 제2차 세계대전입니다. 1941년 12월 참전한 미국은 전쟁 기간 1600만 명의 병력을 세계로 보냈고, 코카콜라도 그들의 뒤를 따라 전 세계로 퍼졌습니다. 코카콜라가 어찌나 중요한 음료수였는지, 콜라 원액과 소다를 섞어 군인들에게 배급하는 직원들이 군 기지에 파견되었죠. 이 '코카콜라 대령'+이 만들어 주는 콜라의 맛은 북아프리카에서 태평양 섬나라들, 알래스카 동토에 이르기까지 널리 퍼지며 미군은 물론이고 동맹군이나 민간인, 심지어 적군의 입맛까지 사로잡았습니다.

이렇게 코카콜라는 미국의 상징으로 거듭났습니다. 코카콜라가 자유와 자본주의의 미국을 상징하는 만큼, 미국을 싫어하는

+ 코카콜라 직원들이 실제로 군 계급을 부여받았기 때문에 이런 별명으로 불렸습니다.

▲ 2차 세계대전에 참전한 군인들이 코카콜라를 마시며 휴식을 취하고 있다. 조지아연안역사협회 제공.

나라는 코카콜라를 배척했습니다. 냉전 시대 미국의 라이벌이었던 소련은 코카콜라 판매를 금지했지요. (대신 라이벌 펩시가 팔렸습니다.) 비슷하게 1960년대, 코카콜라가 이스라엘에 회사를 세우자 이스라엘과 적대 관계였던 서아시아 국가들이 코카콜라를 불매하기 시작했습니다. (역시 라이벌 펩시가 팔렸습니다.)

이런 부침에도 불구하고 이제 코카콜라는 전 지구인이 매일 19억 병을 마실 만큼 중요한 음료수로 성장했습니다. 코카콜라가 한 나라의 상징을 넘어 전 세계에서 팔리고 있다니, 그리고 누군가는 콜라로 분수를 만들고 있다니! 돌팔이 약물로 돈푼이나 벌어 보려 했던 존 펨버턴이 생전 생각도 못한 모습이겠죠. 우리가 별생각 없이 콜라를 마실 때, 사실 우리는 역사를 마시는 셈입니다.

감자칩

바삭! 귀로 먹는 과자

편의점에서 가장 설레는 장소는 아마 과자 코너 아닐까요? 달콤하고 부드러운 초콜릿, 시고 끈적거리는 젤리, 짭짤하고 바삭한 스낵까지 다양한 식감과 맛을 오가는 즐거움! 이 과자들의 재료가 어디서 왔는지 따져 보면, 과자 코너에 전 세계가 모여 있다는 걸 알 수 있을 거예요. 예를 들어 초코바의 주재료인 카카오와 땅콩은 각각 아메리카 열대 지역과 남아메리카에서 왔습니다. 조금 더 옆으로 가면 나오는 바삭한 스낵은 대부분 옥수수, 밀, 감자의 3대 원료를 반죽하여 튀겨 만듭니다. 그중 옥수수는 약 1만 년 전 멕시코 남부의 원주민들이 처음으로 경작했지요.+

다양한 과자 중 하나만 골라 이야기를 써야 한다면 제 선택은 감자칩입니다. 너무나 일상적이라 평소에는 별 관심도 가지 않는 못생긴 감자가 얼마나 장대한 여정을 거쳐 왔는지, 그 와중에 어떻게 인류의 역사를 바꿨는지 안다면 놀랄 수밖에 없을 테니까요. 우선은 역시 한 입 먹으면서 시작하는 게 좋겠죠? 바삭!

감자칩의 핵심은 바삭함!

어떤 감자칩을 좋아하나요? 소금과 후추로만 간을 한 반대편이 비칠 정도로 얇은 감자칩? 혹은 물결무늬로 두껍게 썰어 양념을 한 감자칩? 유명한 물건이 으레 그러하듯, 감자칩의 기원에 관해서도 그럴듯한 전설이 있습니다. 때는 1853년, 미국의 요리사였던 조지 크럼은 손님이 자신이 만든 프렌치프라이를 자꾸 두껍고 눅눅하다고 돌려보내자 홧김에 감자를 아주 얇게 썰어 튀겨서 내놓습니다. 골탕 좀 먹어 보라고 한 행동이었겠지만 손님은 얇고 바삭바삭한 감자 요리를 매우 마음에 들어 했고, 이것이 현재의 감자칩이 되었다는 것입니다. 물론 멋진 전설이 보통 그러하듯, 이 이야기도 사실이 아닐 가능성이 큽니다. 이야기가 후대에 창작되었다는 증거가 여럿 있는 데다, 이전인 1849년에 감자칩의 조리법이 신문에 소개되었기 때문이죠.

이 이야기의 진짜 교훈은 '감자칩의 핵심은 바삭함'이라는 겁니다. 바삭함은 사실상 맛보다도 중요한 감자칩의 즐거움을 책임지고 있습니다. 맛은 똑같지만 바삭하지 않은 감자칩을 먹는

+ 우리 생각보다 훨씬 많은 작물이 아메리카 대륙에서 넘어왔습니다. 앞에서 언급한 작물 이외에도 고구마, 호박, 토마토, 고추, 피칸, 담배가 아메리카에서 건너와 우리의 식탁과 편의점 구석구석을 채우고 있죠.

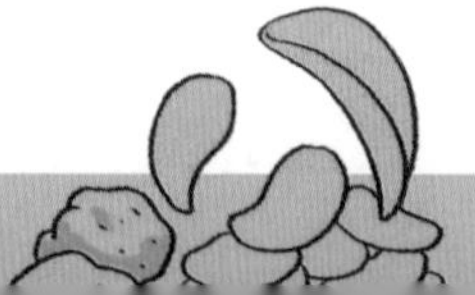

다고 상상해 보십쇼. 오, 벌써 실망하는 여러분의 얼굴이 눈앞에 보이는 것만 같군요. (그렇죠, 바삭할 필요가 없으면 감자죽을 먹지 뭐하러 감자칩을 먹겠습니까?)

감자칩의 바삭함은 '튀김'에서 비롯됩니다. 튀김은 섭씨 150~180도 정도로 가열된 기름에 식재료를 넣어 가열하는 조리법입니다. 뜨거운 기름에 얇게 썬 감자를 집어넣으면 비가 내리는 듯한 소리와 함께 기름 속에서 거품이 올라옵니다. 이 거품은 식재료에 묻어 있던 수분이 급속도로 빠져나가면서 생겨나는 수증기입니다. 수분이 증발하면서 식재료에는 구멍이 뚫린 듯한 빈자리가 생겨나고, 기름이 이 빈자리를 채웁니다. 이렇게 생겨난 구멍 뻥뻥 뚫린 상태를 '다공질 구조'라 부릅니다. 강도가 약해서 매우 쉽게 부서지기 때문에, 깨물면 바삭! 하는 소리와 함께 감자칩 특유의 식감이 탄생하는 것이죠.

미국의 신경문화인류학자인 존 앨런은 우리가 바삭한 식감을 좋아하는 이유가 먼 과거의 식습관, 즉 곤충을 먹던 습관에서 비롯되었을지도 모른다고 추측합니다. 곤충은 단백질을 비롯한 영양소가 풍부한 식량이거든요. 수십만 년 전 인류는 바삭한 곤충을 즐겨 먹었고, 그러면서 바삭한 음식에 대한 본능적 선호가 생겼다는 것입니다. 이후 불을 이용해 음식을 조리하면서 바삭함에 대한 선호가 더 강해졌다는 것이지요.

감자칩 연구하다 (이그)노벨상 받았다?

감자칩 회사들은 조금이라도 더 많은 감자칩을 팔려고 바삭함이 감자칩의 맛에 얼마나 영향을 미치는지, 어떻게 바삭함을 보존할지 치열하게 연구합니다. 2005년, 영국 옥스퍼드대학교의 심리학자 찰스 스펜스와 맥스 잠피니는 대기업 유니레버의 후원을 받아 경쟁사의 감자칩 제품인 프링글스를 연구하기 시작했습니다. 그들은 프링글스 180통을 사서 20명의 실험 참가자들에게 나눠 주었습니다. 참가자들은 프링글스를 공짜로 먹는 대신 헤드폰을 끼고 감자칩을 씹을 때 나는 바삭거리는 소리를 다양한 크기로 들어야 했지요. 결과는요?

사람들은 감자칩 씹는 소리를 좀 더 크게 들려주기만 해도 감자칩이 15퍼센트 더 바삭거리고 신선하다고 평가했습니다. 바삭함에서 비롯된 소리가 감자칩의 맛에 영향을 미치는 것이었죠. 소리가 맛에 미치는 영향이 이 정도로 크다면, 사실상 우리는 감자를 귀로도 먹는 셈입니다.

이 연구는 2008년, 한 해의 가장 괴짜 연구에 수여되는 이그노벨상 영양학상을 받았습니다. 20명의 사람이 헤드폰을 낀 채 프링글스를 먹고 있는 모습을 상상해 보면 이 연구가 이그노벨상을 받은 것도 이해가 되지만, 사실 이 연구는 이후 과자 업계

에 큰 영향을 미쳤습니다. 청각의 중요성을 깨달은 과자 업계가 더 시끄러운 과자를 만들려고 노력하기 시작한 겁니다. 한 예로 과자 포장지의 바스락거리는 소리가 클수록 감자칩이 더 바삭거린다고 느낀다는 연구가 발표되자, 미국의 과자 회사 프리토레이는 썬칩을 더 시끄러운 새로운 포장지에 담아 팔기 시작했습니다. 이 과자 봉지는 흔들었을 때의 소리가 무려 100데시벨에 달해(이 정도면 장기간 노출될 경우 영구적인 청각 손상을 일으킬 수 있을 정도의 크기입니다) 세상에서 가장 시끄러운 과자로 등극했습니다. 너무 시끄러운 바람에 결국 과자 회사에서 다시 봉지를 수거해야만 했지만요. 이그노벨상이 한낱 농담이 아니라 실은 가장 창의적인 연구를 찾는다는 점을 잘 보여 주는 예인 셈이죠.

감자칩이 편의점에 도착할 때까지 부서지지 않고 바삭함을 유지하는 것도 중요합니다. 우리나라 회사가 감자칩을 눅눅해지거나 잘게 부서지지 않은 상태로 운반하려고 선택한 방법이 악명 높은 '질소 포장'입니다. 감자칩 봉지 안에 반응성이 적은 기체인 질소를 빵빵하게 가득 채운 것입니다. 그래서 충격에 감자칩이 부서지지 않는 건 물론이고 바삭한 식감도 보존할 수 있습니다. 물론 질소 포장된 감자칩은 언제나 양에 비해 질소를 빵빵하게 채워 넣은 과대 포장이라는 비판에 시달립니다. 어느 정도냐면, 2014년에 우리나라 대학생 세 명이 과자 봉지 160개를 묶어 만든 뗏목으로 한강을 건너는 시위를 할 정도였습니다. (이상한 짓을 해서 뉴스에 나오려면 이 정도는 해야 하는 것입니다.)

감자의 고향, 남아메리카

우리나라에서 비행기를 타고 하루에서 이틀 정도 날아가면 지구의 반대편인 남아메리카 대륙의 페루에 도착할 수 있습니다. 페루는 잉카문명의 발상지로, 면도날조차 들어가지 않는 정교한 석조 건축물 유적과 세계에서 가장 높은 호수 중 하나인 안데스 산맥의 티티카카호수, 그리고 감자로 유명하지요.

감자로 유명하다고요? 여러분이 잉카문명의 수도였던 쿠스코의 시장을 거닐어 본다면 이 말의 의미를 이해할 수 있을 겁니다. 이곳에서는 다른 곳에서는 평생 보지 못할 다양한 감자가 팔립니다. 매끈한 녀석, 울퉁불퉁한 녀석, 길쭉한 녀석, 둥근 녀석은 물론이고, 밝은 노란색이나 보라색, 빨간색, 검은색 등 별별 색의 감자가 시장 여기저기에 쌓여 있죠. 용도도 삶기, 굽기, 튀기기 등 각기 다릅니다.

이렇게 다양한 감자가 팔리는 이유는 감자의 기원이 남아메리카 대륙이기 때문입니다. 인류가 감자를 먹은 가장 오래된 기록은 무려 1만 4600년 전으로, 칠레 남부 몬테베르데 유적의 난로와 구덩이에서 발견된 야생종 감자 조각입니다. 유적에서는 감자 캐기에 적합한 나무 막대기도 함께 발견되었지요.

그렇습니다. 감자라는 보물은 눈에 잘 보이는 높은 곳이 아닌 땅속에 숨겨져 있습니다. 어떤 식물들은 땅속에 있는 조직의 일부를 부풀려 양분을 녹말 형태로 저장합니다. 예를 들어 고구마는 뿌리의 끝부분을 부풀려 양분을 차곡차곡 쌓아 놓지요. 그래서 식물학자들은 고구마를 '덩이뿌리'로 분류합니다. 그런데 지하 저장 기관에는 뿌리만 있는 것이 아닙니다. 감자는 땅속에서 캐내니 뿌리처럼 보이지만, 실제로는 땅속의 줄기가 변한 '덩이줄기'입니다. 땅속줄기는 원래 땅속을 통해 뻗어 나가 원래의 식물과 멀리 떨어진 곳에서 새로 식물을 자라게 합니다. 감자는 땅속줄기의 끝을 부풀려 녹말을 저장합니다. 이것이 우리가 아는 감자가 되는 것이죠.

감자가 진짜 줄기에 속한다는 몇 가지 증거가 있습니다. 첫 번째는 감자의 눈입니다. 감자의 곳곳에는 움푹 파인 부분이 있는데 이를 '눈'이라 부릅니다. 눈은 줄기의 마디에 해당되는 부분이라 감자를 햇볕에 놔두면 눈에서 싹이 나 이파리가 올라옵니다. 뿌리라면 잎이 자라지 않을 텐데 말이죠. 또한 햇볕에 놔둔 감자는 초록색으로 변합니다. 줄기에 엽록소가 있어서 가능

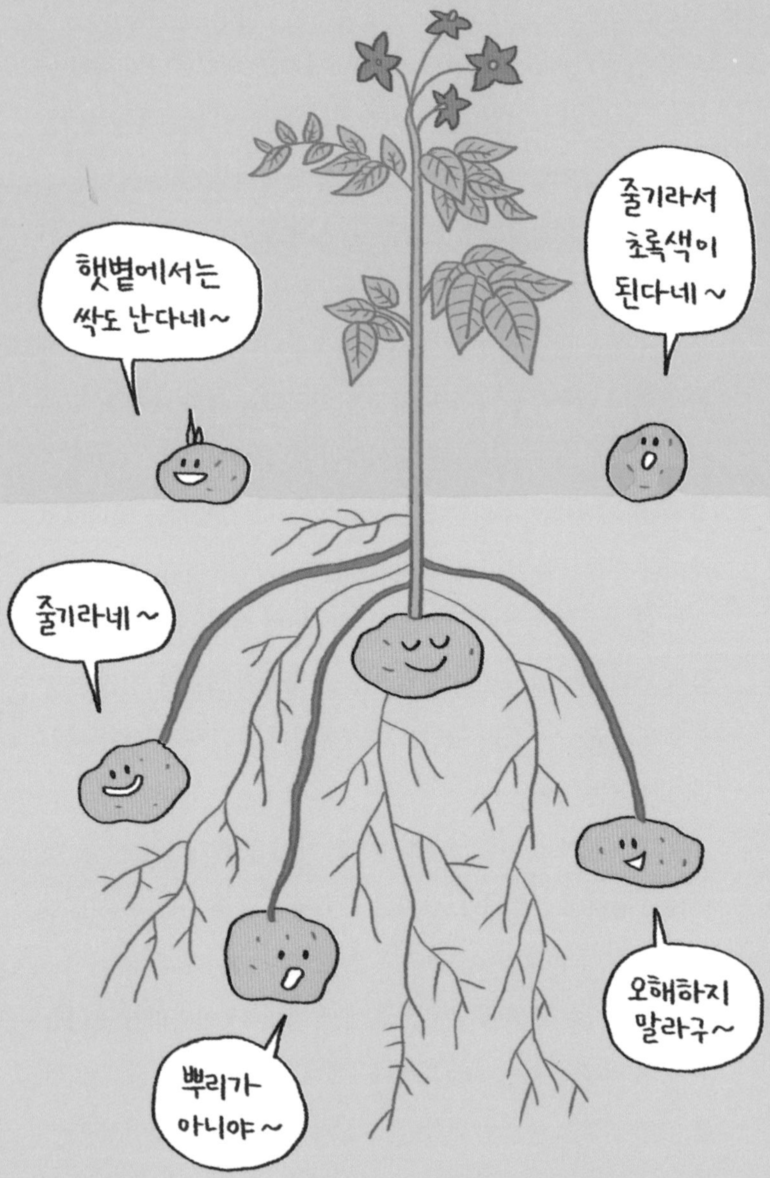
햇볕에서는 싹도 난다네~
줄기라서 초록색이 된다네~
줄기라네~
오해하지 말라구~
뿌리가 아니야~

한 현상입니다. 뿌리에는 엽록소가 없지요.

눈에 띄지 않는 식량을 어떻게 찾아 먹었을까 싶겠지만, 고고학자들은 인류의 조상이 이미 350만 년 전부터 지하의 뿌리와 줄기를 캐 먹는 습관을 들였을 것이라 추측합니다. 그 당시 고인류는 열대우림에서 건조한 사바나 초원으로 진출했는데, 열대우림에 비해 사바나에는 지하에 양분을 저장하는 식물이 상대적으로 더 많았거든요. 긴 세월이 지난 후 아프리카에서 세계의 끝인 남아메리카에 도착한 인류는 이곳에서 자라는 야생종 감자에 입맛을 들였고, 약 4000~8000년 전부터는 티티카카호수 근처 어딘가에서 직접 작물로 재배하기 시작했습니다. 수많은 감자가 팔리는 쿠스코의 시장에서 남동쪽으로 멀지 않은 곳에서 말이죠. 감자가 처음 작물화된 곳이다 보니, 페루에는 유전적으로 다양한 감자가 자랍니다. 현재 감자는 야생종 107종과 작물종 4종, 그리고 4,000가지가 넘는 품종이 있지요. 안데스 고산지대의 감자밭 너머에는 지금도 야생종 감자가 자라고 있습니다.

세계로 퍼진 감자, 역사를 바꾸다

남아메리카 원주민들은 감자의 덩이줄기에서 얻은 열량과 에너지로 잉카문명을 세울 수 있었습니다. 이런 감자가 세계 무대로 진출한 때는 유럽인이 아메리카 대륙에 도달한 15세기 이후입니다. 안데스산맥을 가로지르던 에스파냐 탐험가들이 1536년에 처음 감자에 관한 기록을 남기고, 앞서 본 수많은 아메리카의 작물과 함께 유럽으로 들여옵니다.

하지만 유럽에 도착한 감자는 처음에는 큰 환영을 받지 못했습니다. 특히 북유럽 사람들은 처음 보는 이 작물을 불신했습니다. 감자가 성경에 나오지 않는 작물인 데다 아무런 맛도 나지 않아 악마가 손을 댄 식물이라는 미신이 퍼졌죠. 울퉁불퉁 못생긴 감자의 모습이 당시 심각한 불치병이던 나병에 걸린 환자의 모습을 연상시켜 소비를 꺼려지게 만들기도 했지요.+

그러나 흉작과 전쟁, 기근이 연이어 발생하면서 사람들이 감자를 찾기 시작했습니다. 척박한 환경에서도 잘 자라고 성장 속도도 빨라 굶주린 사람들의 고마운 식량이 되어 준 것이죠. 18세기 유럽에서, 감자의 수확량은 단위면적당 밀의 10.5배, 호밀의 9.6배에 달했습니다. 다르게 표현하면, 같은 면적의 땅에서 곡물보다 3.6배 많은 열량을 생산할 수 있을 정도로 효율적인 작물

+ 한편 감자는 동쪽으로 계속 전파되어 17세기 초 중국에 도착하고, 19세기에는 북방을 통해 조선에 들어옵니다. 그러니 만약 사극에서 이순신 장군이 감자칩을 먹는 장면이 나온다면 고증이 잘못되었다고 당당하게 지적하세요!

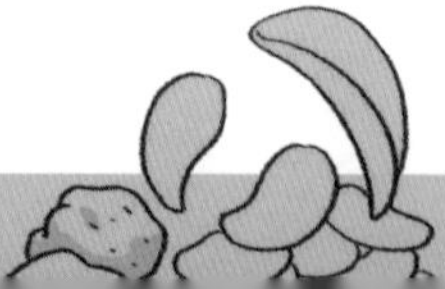

이었죠. 거기다 감자는 땅속에서 자라기 때문에 전쟁으로 불에 타고 짓밟혀 폐허가 된 밭에서도 살아남는다는 또 다른 이점도 있었습니다.

이런 장점을 알아본 감자 애호가들이 감자의 이점을 열성적으로 홍보하면서 전 유럽에 감자가 퍼졌습니다. 역사에 남은 유명한 감자 애호가는 프랑스의 농경학자 앙투안오귀스탱 파르망티에와 프로이센(독일의 전신인 국가)의 프리드리히 2세(프리드리히 대왕)입니다. 이들은 감자를 퍼뜨리려고 씨감자를 나누어 주고, 감자 시식 행사를 진행하기도 했지요. 특히 파르망티에는 감자를 퍼뜨리려고 기발한 방법을 쓴 것으로 유명합니다. 그 방법이란 자신의 감자밭을 지킬 감시인을 낮에만 배치하는 것이었죠. 그러자 이전에는 감자를 거들떠보지도 않던 농부들이 감자가 귀중한 작물이라고 생각하게 되었고, 감시인이 없는 밤에 감자를 훔쳐 간 겁니다. 이렇게 하여 감자가 전 프랑스에 퍼지게 되었으니 파르망티에는 시대를 200년 이상 앞서 나간 바이럴 마케팅의 천재라 할 만합니다. 감자를 슈퍼스타로 만들어 준 파르망티에와 프리드리히 대왕의 묘지에는 지금도 참배객들이 감자를 두고 온답니다.

감자가 유럽에 전해 준 열량은 유럽 사회의 모습을 바꾸기 충분했습니다. 1750년에서 1850년 사이 100년 동안 유럽의 인구는 거의 두 배가 늘어났고, 감자는 노동자들의 저렴한 열량 공급원이 되었습니다. 영국 노동자들은 값싼 대구와 값싼 감자를 값싼 기름에 튀긴 피시 앤드 칩스를 먹고 홍차를 마시면서 산업혁명을 일으켰지요.

유럽에서 감자로 가장 큰 변화를 겪은 곳은 서쪽 끝에 자리 잡은 섬나라인 아일랜드입니다. 아일랜드는 유럽에서 일찍 감자 농사를 짓기 시작한 곳 중 하나입니다. 대부분의 농작물을 영국의 지주들에게 보내야 했던 가난한 농부들은 남은 땅에 자신들이 먹을 감자를 길렀지요. 아일랜드 사람들은 식량 대부분을 감자에, 그것도 '럼퍼'라 불리는 한 종에 의존했습니다. 불행의 씨앗은 여기서 싹을 틔웠습니다. 아일랜드에서 감자는 '씨감자'라 불리는 감자를 심는 방식으로 재배했는데, 씨감자를 통해 자라난 모든 감자는 유전적으로 완벽히 같은 클론 개체입니다. 유전적 변이가 없다는 것은, 감자밭이 병충해에 매우 취약하다는 뜻입니다. 유전적으로 다양한 감자가 자란다면, 병충해에 강한 유전자를 지닌 감자는 살아남을 수도 있겠지만요.

1845년 여름, '감자역병균'이라는 균류가 아일랜드 해안에 상륙했습니다. 감자역병에 걸린 감자는 잎사귀와 줄기에 검은 반점이 자라납니다. 덩이줄기는 색깔이 시커멓게 변하다 곧 썩기 시작하지요. 감자역병은 북아메리카에서 먼저 시작되었습니다.

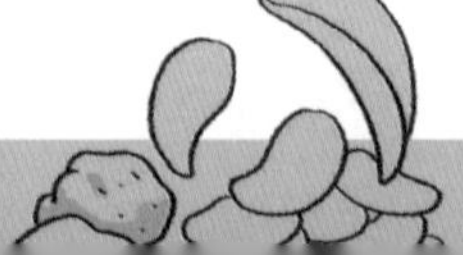

미국 동부와 캐나다의 감자밭이 쑥대밭이 되었지만, 이곳에서는 감자 이외에도 다양한 작물을 키우고 있었기 때문에 큰 문제는 되지 않았어요. 문제는 감자 말고는 먹을 식량이 없던 아일랜드였습니다. 이 균류는 바람을 타고 아일랜드 전체에 퍼졌고, 모든 감자밭이 쑥대밭이 되었습니다. 섬 어디에서도 감자 썩는 냄새가 그치지 않았지요. 1845~1847년에 아일랜드를 휩쓴 감자역병은 '아일랜드 대기근'을 불러왔습니다. 800만 명의 아일랜드인 중 100만 명이 생존을 위해 미국 등지로 이민을 떠났습니다. 남아서 기근을 버티던 사람 중 100만 명이 굶어 죽었지요.

그러니 감자가 우리에게 주는 교훈은 다음과 같다고 할 수 있습니다. 한 가지 품종에 의존하지 말고, 쿠스코의 시장에서 본 것처럼 다양한 종류의 품종을 키워 다가올지도 모르는 병충해에 대비할 것. 하지만 어쩌면 인류는 지금도 같은 실수를 반복하고 있을지도 모릅니다. 편의점에서 쉽게 만날 수 있는 바나나가 그 주인공입니다.

바나나

멸종 위기에 처한 세계 최고 과일

편의점 과일의 대표 주자는 무엇일까요? 제 생각에는 바나나입니다. 사시사철 만날 수 있고, 가격도 저렴한 데다, 껍질만 벗기면 먹을 수 있으니 간편하기도 합니다. 어디 하나 흠잡을 데 없죠.

바나나는 정말로 과일의 왕일지도 모릅니다. 세계에서 가장 많이 생산되고 수출되는 과일이기도 하지요. 동시에 정말 이상한 과일이기도 합니다. 혹시 여러분은 바나나가 방사능 수치가 가장 높은 과일 중 하나라는 얘기를 들어 봤나요? 또 바나나가 나무가 아니라는 사실은요? 바나나가 멸종 위기라는 이야기는요?

우리나라에서는 거의 자라지 않는[+]이 이상하고 신비로운 과일을 어떻게 편의점에서 쉽게 만날 수 있는지 알아보려면, 바나나의 여행을 추적하는 것이 제일 좋은 방법일 겁니다. 뜨거운 햇살이 내리쬐는 열대 어딘가가 출발점이 되겠군요.

잠깐만요, 바나나가 나무가 아니라고요?

눈을 감고 바나나 농장에 와 있다고 상상해 봅시다. 과테말라, 니카라과와 같은 중앙아메리카의 나라 중 한 곳이거나 에콰도르 같은 남아메리카의 나라 중 한 곳일 수도 있고, 우리나라와 가까운 필리핀 중부일지도 모릅니다. 아마도 코를 찌를 듯 강렬한 바나나 냄새가 제일 먼저 느껴질 겁니다. 눈을 떠 보면 후끈후끈한 공기 사이로 바나나들이 끝이 보이지 않을 정도로 펼쳐져 있습니다. 예전에 열대우림이었던 곳을 개간해서 만든 곳이죠.

3~4미터 머리 위에서는 넓은 잎들이 자라나 강렬한 햇빛을 막아 줍니다. 아마 여러분은 땀에 덮인 팔뚝에 앉는 곤충을 쫓으며, '저렇게 큰 나무가 나무가 아니라는 거야?'라고 생각할지도 모릅니다. 하지만 엄밀히 말해 바나나는 나무가 아니라 나무로 착각할 만큼 크게 자라는 여러해살이풀입니다. 사과보다는 딸기에 더 가깝지요. 풀과 나무는 단단한 부위인 '목질부'가 있는가, 세포분열 조직인 '형성층'이 있어 줄기가 두꺼워지는 부피 생장을 할 수 있는가에 따라 구분됩니다. 두 가지를 다 가지고 있는

\+ 농촌진흥청 농산업경영과 연구팀에 따르면 2019년 기준 우리나라에서는 29.3헥타르의 농지에서 바나나가 자라고 있습니다. 바나나 농사는 아열대에 가까운 제주와 전남 등지에서 주로 이루어지지만, 온도를 유지하기 위해 시설 하우스를 필요로 한다는군요.

식물을 나무라고 분류해요. 바나나는 최고 10미터 높이까지 자랄 수 있지만 나무가 아니라 지구에서 가장 큰 초본식물입니다. 우리가 줄기라고 생각하는 부분은 사실 잎과 잎이 나오는 부분이 여러 겹으로 쌓인 둥치인데, 식물학자들은 이 줄기 아닌 줄기를 '헛줄기'라 부르지요.

다시 주위를 둘러보면 여기저기서 노동자들이 푸른 비닐봉지에 싸인 초록색 바나나를 수확해 옮기는 모습을 볼 수 있을 겁니다. 우리가 보통 바나나 송이라 부르는 부분은 실제 송이의 일부분에 불과합니다. 바나나는 꽃이 매달린 줄기인 꽃차례를 빙 둘러 자라나는데, 이 전체가 한 송이로 10~20개의 바나나가 매달려 있습니다. 꽃이 피고 6개월이 지나면 꽃차례에서 바나나가 열리는데, 총 열 송이 정도가 열리면 바나나를 딸 준비가 된 것이죠.

잘 익은 바나나 열매에는 주식으로 삼을 만큼 풍부한 탄수화물이 들어 있습니다. 이외에도 식이섬유와 인, 포타슘(칼륨), 비타민A, 비타민C 등 다양한 영양소가 함유되어 있죠. 특히 바나나는 100그램당 358밀리그램 정도로 포타슘 함량이 높은 과일입니다. 이 덕에 바나나는 방사선 수치가 가장 높은 음식 중 하나이기도 합니다.[+] 자연계에서는 세 종류의 포타슘 동위원소가 발견되는데, 그중 포타슘-40이 미량의 방사선을 방출하거든요. 물론 바나나가 방출하는 자연 방사선은 극미량이기 때문에 많이 먹는다고 해서 몸에 이상이 생길 일은 없습니다. 미국 환경보호국(EPA)은 우리가 매일 받는 자연 방사선과 같은 양의 방사선 피폭을 받으려면 약 100개의 바나나를 먹어야 한다고 공지했는데, 이 정도로 바나나를 먹으면 굳이 방사선 탓을 하지 않더라도 몸이 망가질 겁니다.

바나나가 바다를 건너면서 상하지 않는 이유

아직 초록색인 상태로 농장에서 수확된 바나나 송이는 적당한 크기로 잘려 세척된 후 상자에 담깁니다. 바나나 껍질의 스티커도 이 과정에서 붙지요. 바나나 상자를 컨테이너에 차곡차곡 쌓으면, 트럭이 컨테이너를 항구로 옮겨 가는 데 이틀이 걸립니다. 컨테이너, 이것이 저렴한 바나나의 또 다른 비밀입니다. 길이 6미터, 폭과 높이가 2.5미터가량 되는 컨테이너는 세계 물류 시장에 혁명을 일으켰지요. 컨테이너가 발명되기 전인 20세기

+ 바나나보다 더 강한 방사선을 내뿜는 음식에는 브라질너트가 있지만, 여전히 몸에는 무해합니다.

중반까지만 해도, 화물선이 부두에 부린 짐은 사람들이 직접 옮겨야 했습니다. 건장한 부두 노동자들이 이 일을 맡아서 했는데, 물건의 종류마다 옮기는 방법이 판이하다 보니 시간과 비용이 많이 들어갔습니다. 화물선이 대서양을 항해하는 데 12일이 걸렸는데, 부두에서 화물을 내리고 올리는 데만 일주일이 걸릴 정도였으니까요.

미국의 운송 회사 사장이었던 맬컴 매클레인은 모든 화물을 '컨테이너'에 담아 운반하자는 아이디어를 냈습니다. 크레인을 이용해서 화물 컨테이너를 통째로 내린 후 트럭이나 기차로 옮기면 화물의 종류별로 다르게 취급해야 할 필요가 없어지는 거지요. 1956년 처음으로 출항한 컨테이너선은 화물의 선적 비용을 무려 37분의 1로 줄였습니다.

바나나는 특히 이 컨테이너 시스템에 가장 적합한 과일이었습니다. 우선 바나나는 열대 지역에서 1년 내내 꾸준히 수확할 수 있습니다. 벗기기 쉽지만 단단한 껍질이 있어 운송과 보관도 편리하지요. 한 가지 문제는 바나나를 소비자가 있는 곳으로 옮기는 일입니다. 조금만 배송이 늦어져도 바나나가 물러지거나 상해 버릴 테니, 바나나를 신선한 상태로 옮기는 일이 중요했지요. 농장에서 바나나를 덜 익은 초록색 상태로 수확하는 것이 이 때문입니다. 바나나 회사의 연구자들은 바나나의 숙성도를 완전히 초록색인 1단계부터 점점 색이 변하다 전체가 노란빛을 띠는 6단계를 거쳐, 갈색 점이 올라와 완전히 익은 7단계까지 총 일곱 단계로 구분합니다. 1단계 상태에서 수확된 바나나는 바나나가 익지 않고 최적의 상태를 유지하는 섭씨 13도의 컨테이너에서 냉장 보관됩니다. 만약 화물선이 필리핀에서 출발했다면, 약 닷새가 걸려 우리나라에 도착합니다. 바나나를 내리고 검역 과정을 거치는데 약 이틀이 소모됩니다. 이때까지 바나나는 2단계 상태를 유지하는데, 이제 이 바나나를 익게 할 차례입니다.

바나나를 익게 만드는 것은 에텐(에틸렌) 가스입니다. 에텐은 식물 호르몬의 일종으로, 탄소 두 개에 수소 네 개가 붙어 있는 단순한 구조이지만 과일을 익게 만드는 중요한 작용을 촉진합니다. 과일을 따거나 상처를 내면 에텐이 나오면서 과일이 더 익죠. 그래서 바나나는 편의점에 오기 전 에텐 처리를 거쳐 팔리기 적당한 정도로 숙성됩니다. 닷새 동안 숙성을 거치고 노란색으로 변한 바나나가 드디어 편의점에 모습을 드러냅니다. 농장을 떠난 지 약 15일 만이죠.

샛노란 겉모습만 보면 상상하기 쉽지 않겠지만, 바나나는 수많은 과일 중 가장 잔혹한 역사를 담고 있습니다. 약 9000년 전 파푸아뉴기니에서 처음 재배된 이후, 바나나는 전 세계로 퍼졌습니다. 그중 바나나로 가장 유명한 지역은 '바나나 공화국'으로 불리는 중앙아메리카와 남아메리카 나라들일 것입니다. 바나나 공화국이라는 표현은 바나나 같은 1차 상품을 수출하여 돈을 벌지만, 대부분 독재자의 주머니로 흘러들고 국민은 찢어지게 가난한 재개발 국가를 가리키는 멸칭입니다. 이 국가들을 이런 모습으로 만든 원인 중에는 미국의 바나나 회사가 있습니다.

20세기 초, 유나이티드프루트를 포함한 미국 바나나 회사들은 이 국가들에 농장을 지어 바나나를 대량으로 생산하고, 이를 미국에 파는 방식으로 돈을 벌었습니다. 이 회사들이 돈을 버는 방식은 결코 깨끗하지 않았습니다. 농장을 지으려고 원주민을 내쫓고 열대우림을 파괴한 후, 노동자에게 끔찍할 정도로 오랫동안 일을 시켰습니다. 노동자가 요구하는 정당한 권리를 주지 않으려고 노조를 금지하는 건 물론이고 지역의 권력자에게 뇌물을 주는 짓도 서슴지 않았죠. 역사에 남을 가장 심각한 사건은 1928년 12월 6일 콜롬비아에서 일어난 '바나나 학살'입니다. 코르테스 바르가스 장군이 이끄는 콜롬비아군이 처우 개선을 요구하던 유나이티드프루트 바나나 농장의 노동자와 가족 3,000여 명을 학살한 겁니다.+

무려 100년 전의 일이지만, 미국 바나나 회사와 미국의 개입은 이 국가들의 정치 체계를 매우 불안정하게 만드는 결과를 낳았습니다. 콜롬비아와 과테말라, 코스타리카는 오랫동안 독재자와 미국 자본에 수탈당하며 고통을 받았고, 그 영향은 심지어 지금까지도 사라지지 않았지요.

바나나, 멸종 위기에 가장 취약한 과일

또 하나의 문제는 바나나가 멸종할지도 모른다는 우려입니다. 혹시 여러분은 바나나를 먹으면서 씨가 없는데 어떻게 번식을 하는지 궁금해한 적 있나요? 비밀은 땅속에 묻혀 있는 바나나의 진짜 줄기에 있습니다. 이 '알줄기'야말로 바나나의 본체로, 여기서 (우리가 바나나의 나무줄기로 착각하는) 헛줄기는 물론이고 알줄

+ 이 사건은 콜롬비아의 소설가 가브리엘 가르시아 마르케스의 소설 《백년 동안의 고독》에 등장하기도 했습니다.

기를 새로 만드는 '흡근'이라는 기관을 만듭니다. 알줄기만 떼서 옮겨 심으면 원래의 바나나와 유전적으로 완벽히 같은 바나나를 키울 수 있는 건데, 앞서 나온 씨감자로 감자를 새로 키우는 것과 비슷한 방법이죠. 이렇게 영양기관 일부만 떼 내어 새로운 개체를 키우는 과정을 영양생식이라고 합니다.

그 결과, 전 세계의 바나나 농장은 19세기 아일랜드의 감자밭과 비슷한 상황에 처해 있습니다. 대량 재배되는 바나나 대부분이 '캐번디시'라는 단 한 품종이기 때문입니다. 바나나는 대부분 무사 아쿠미나타(*Musa acuminata*)와 무사 발비시아나(*Musa balbisiana*), 단 두 종의 바나나를 교배시켜 만들었습니다. 캐번디시는 세 쌍의 아쿠미나타 염색체를 가지는 '3배체' 바나나입니다. 이렇게 염색체 기본수의 세 배를 가지면 정상적으로 씨를 만들 수 없어요. (이것이 우리가 먹는 바나나에 씨가 없는 비결이기도 합니다.) 하지만 바나나 농장에서는 알줄기와 흡근을 이용하여 영양번식할 수 있기 때문에 문제가 되지 않았죠.

영양번식은 완전히 똑같은 유전자를 지닌 클론을 만들기 때문에 판매에 유리한 형질을 그대로 보존할 수 있다는 장점도 있었습니다. 특히 바나나를 생산하는 입장에서는 한 가지 종만 키워서 파는 것이 대량 생산에 훨씬 편합니다. 농약의 양이나 숙성기간 등 품종마다 다른 환경을 만들어 줄 필요가 없거든요.

실제로 캐번디시 바나나는 전 세계 바나나 생산의 절반을 차지할 정도이며, 해외로 수출되는 비율은 더욱 높습니다. 하지만 이런 장점이 독이 되어 돌아오기도 하는 법. 똑같은 유전자를 가지고 있다는 말은, 한 가지 병에 매우 취약할 수 있다는 뜻이기도 합니다. 그런 일은 이미 실제로 발생한 적이 있지요. 1950년대 전 세계로 팔려 나간 바나나의 대표 품종은 '그로 미셸(Gros Michel)'이었습니다. 맛과 향이 좋고 껍질이 두꺼워 장거리 운송에도 적합했지만, '파나마병'이라 불린 바나나 마름병이 퍼지면서 큰 타격을 입었습니다. 푸사륨(*Fusarium*) 속의 곰팡이가 뿌리를 감염시키는 이 병이 중앙아메리카와 남아메리카 바나나 농장을 황폐하게 만든 것이죠. 결국 바나나 회사는 그로 미셸을 포기하고, 바나나 마름병을 견디는 캐번디시 품종을 대신 키워야 했습니다. 그로 미셸보다 작고 맛도 별로였지만, 선택의 여지가 없었죠. 우리는 70년 전보다 맛없는 바나나를 먹고 사는 셈입니다.

위기를 넘기려면 다양한 바나나가 필요하다

현재 식물학자들이 걱정하는 곰팡이병은 바나나 마름병의 'TR4' 균주입니다. 1989년 대만에서 발견된 이 균주는 캐번디시 바나나를 감염시키는 능력이 있었고, 대만의 바나나 농장을 쑥대밭으로 만들어 버렸습니다. 바나나 생산국들은 TR4가 국경을 넘지 않도록 노심초사하고 있지만, TR4는 점점 퍼지고 있습니다. 2013년에는 서아시아와 아프리카로 퍼졌고, 2019년에는 결국 중앙아메리카와 남아메리카에 도착했지요. 유엔 식량농업기구(FAO)는 캐번디시 바나나가 20년 내로 멸종할지 모른다는 진단을 내놓기도 했습니다. 우리에게는 편의점 선반에서 바나나가 사라지는 정도로 끝나는 일일 수도 있겠지만, 바나나로 영양의 대부분을 보충하는 열대 지역 국가의 사람들, 바나나 수출이 수입의 대부분을 차지하는 중앙아메리카와 남아메리카 국가들에게는 거대한 재앙이 될 겁니다.

식물학자들이 전 세계에서 다양한 바나나를 찾아 헤매는 이유도 이런 위기를 넘어갈 새로운 바나나를 만들기 위해서입니다. 현재 세계 전역에서 1,000여 가지 품종의 바나나가 재배되고 있습니다. 그중에는 빨간 '레드 다카', 작고 몽땅한 '골드핑거', '세뇨리타', '그랜드 난', '라툰단'처럼 우리가 듣도 보도 못한 바나나도 많습니다. 녹말 함량이 높아 단맛이 덜한 '플랜틴' 종류는 중앙아메리카와 남아메리카 등지에서 주식으로 쓰이는데, 굽거나 튀겨 요리해 먹지요. 2018년에는 영국 큐 왕립식물원 소속 식물학자들이 아프리카 동부의 마다가스카르를 탐사하

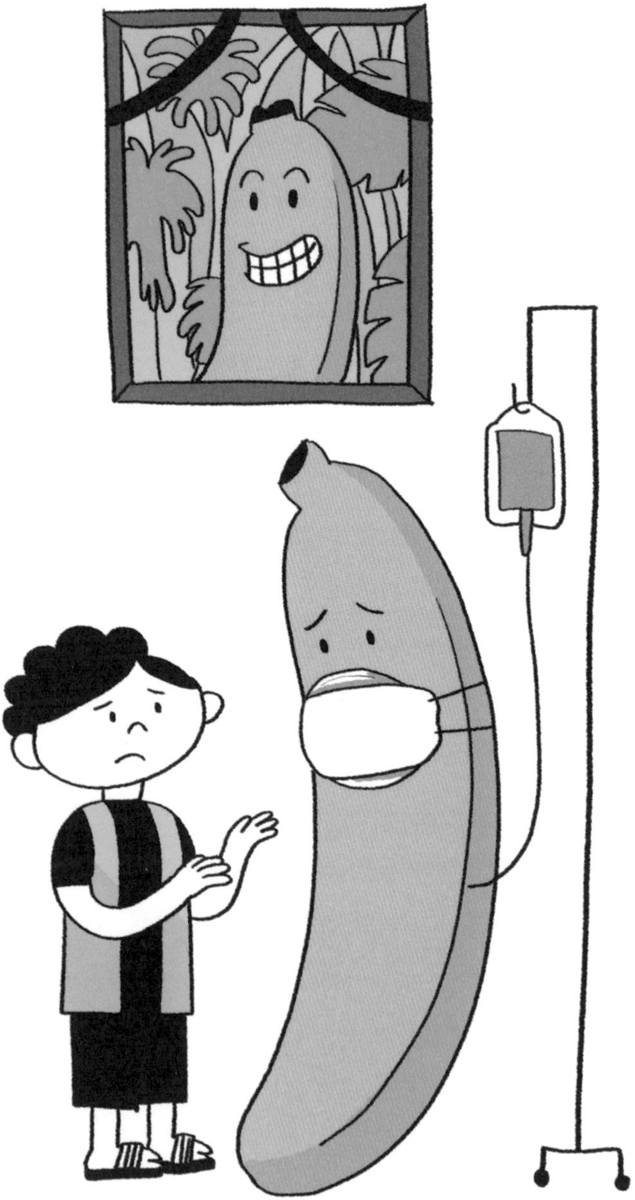

던 도중 신종 야생 바나나를 발견했습니다. '마다가스카르 바나나(*Ensete perrieri*)'로 명명된 이 바나나는 야생에 겨우 다섯 그루밖에 남지 않은 상태였죠. 만약 이 야생 바나나에 바나나 마름병에 대한 저항성이 있다면, 기존 바나나와 교배해서 병을 견딜 수 있는 품종을 만들 수 있을지도 모릅니다. 쉽지는 않겠지만요.

편의점이 세계의 축소판이라면, 바나나는 그중에서도 가장 눈에 띄는 상품입니다. 품종을 개량하고 병충해를 막으려는 식물학자들의 연구, 직접 바나나를 기르는 노동자들의 피와 땀, 바나나를 옮겨 주는 컨테이너선, 이 중 어느 하나라도 없었더라면 우리는 바나나를 쉽게 만날 수 없었을 거예요. 동시에 바나나는 세계의 위기를 보여 주고 있지요. 우리는 앞으로도 계속 노란 바나나를 만날 수 있을까요?

바나나를 먹으면서 생각해 볼 만한 문제들입니다.

커피

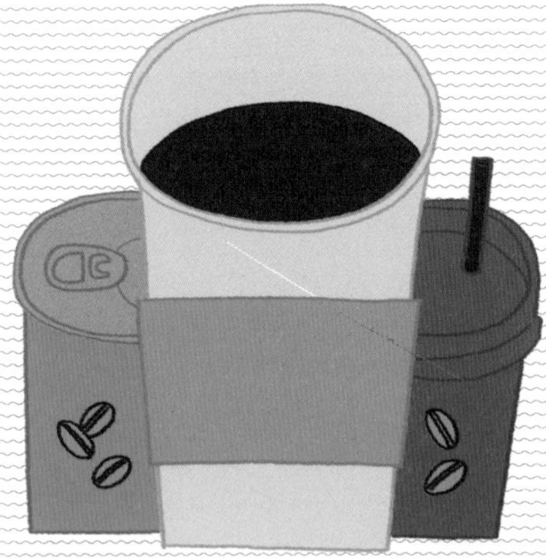

현대인, 카페인의 노예!

편의점에서 가장 많이 팔리는 음료가 무엇일까요? 바나나맛 우유 아니냐고요? 한때는 그랬지만, 지금은 아닙니다. 올해 초 공개된 편의점 4사의 2021년 판매량 순위를 보면, GS25와 세븐일레븐에서 가장 많이 팔린 제품은 즉석 원두커피였습니다. 이것도 음료수 칸을 가득 메운 캔커피, 흑설탕 라테, 커피 우유, 커피믹스+ 등을 제외하고 원두커피만 1위였다는 얘깁니다. 편의점 업체에 따라 다르지만, 커피는 많게는 음료 매출의 30퍼센트를 차지하는 것으로 집계됩니다. 이 정도면 편의점이 카페인지, 카페가 편의점인지 분간이 안 될 정도군요.

도대체 사람들이 왜 이렇게 커피를 찾을까요? 그 이유는 잠을 깨기 위해서일 겁니다. 사실 편의점에는 커피는 물론이고 박카스 같은 피로 회복제부터 레드불이나 몬스터 에너지 같은 에너지 드링크까지 수많은 '잠 깨는 음료'가 팔리고 있습니다. 이 다양한 음료가 잠을 쫓고 기운을 회복시키는 원리는 같습니다. 바로, 카페인의 마법이지요.

특유의 매혹적인 진한 향기부터 달곰씁쓸한 맛까지, 커피의 매력을 한 가지만 꼽기는 쉽지 않습니다. 그러나 커피가 '필요'한 이유는 하나로 꼽을 수 있죠. 바로 잠을 깨워 주는 '각성 효과'입니다. 커피가 처음 주목받은 것도 각성 효과 덕분입니다. 커피의 기원과 관련된 수많은 이야기 중 제가 좋아하는 에티오피아의 전설에 따르면, 한 목동이 자기 염소가 붉은 열매를 먹으면 밤에도 잠들지 않고 운다는 사실을 발견했다고 합니다. 그 열매가 바로 커피였고, 이후 성직자들이 밤새 기도를 하면서 졸지 않으려고 복용했다고 하죠.

잠을 깨우는 커피의 효능은 인류에게 큰 매력으로 다가왔습니다. 에티오피아에서 출발해 서아시아로 퍼진 커피는 이슬람 문명의 유럽 진출과 함께 17세기 유럽으로 퍼졌습니다. 커피는 술과 반대로 정신을 맑게 만든다는 점에서 주목받았습니다. 어느 정도로 인기 있었냐면, 우리가 '음악의 아버지'라는 별명으로 잘 알고 있는 바로크 시대의 음악가 요한 제바스티안 바흐가 커

+ 커피믹스는 1976년, 우리나라의 동서식품에서 최초로 만든 발명품입니다. 2019년 기준으로 우리나라는 1인당 연간 122잔의 커피믹스를 마시는 세계 최고의 커피믹스 소비 국가인데, 숫자로 보면 심지어 라면보다도 많이 팔리지요.

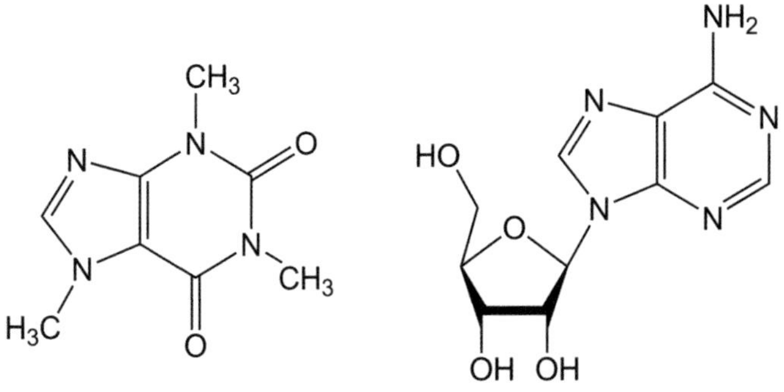

▲ 카페인(왼쪽)과 아데노신(오른쪽)의 구조.

피를 주제로 음악을 만들 정도였지요.+

커피의 마법이 밝혀지는 데에는 《파우스트》를 집필한 독일의 대문호, 요한 볼프강 폰 괴테의 덕이 큽니다. 커피를 엄청나게 마셔댔던 괴테는 1819년 독일의 화학자 페르디난트 룽게에게 커피콩 한 상자를 주며 커피의 성분을 밝혀 달라고 부탁합니다. 룽게는 실험을 통해 잠을 쫓는 효능을 가진 쓴맛의 흰색 결정을 추출했고, 이 '커피의 정수'에 '카페인(caffeine)'이라는 이름을 붙였습니다.

카페인이 발견된 지 200년이 지난 지금, 우리는 카페인이 어

+ BWV 211번, 〈커피 칸타타(Schweigt stille, plaudert nicht)〉

히히 내 모양에 딱 맞는
맞춤침대~ 꿀잠 자야지!
아데노신
카페인
아닌데?? 내 모양에도 딱
맞으니까 내 자리인데??
나는 잠 안오는데???
니 침대 차지하고
딴 짓 할건데????
안 잘건데???
야호!!
흑… 자야 되는데….
쬬
옵

째서 각성 효과를 일으키는지 알고 있습니다. 우리가 깨어 있는 동안 뇌에서는 '아데노신'이라는 물질이 분비됩니다. 아데노신의 역할은 우리가 얼마나 오랫동안 잠에서 깨어 있었는지 알려주는 화학 타이머입니다. 깨어 있는 동안 뇌에 차곡차곡 쌓이며 잠을 깨게 만드는 뇌 영역을 끄고, 잠을 불러오는 영역을 켜지요. 자연히 오래 깨어 있을수록 눈이 감기고 잠이 쏟아지는 '수면 압력'이 발생합니다.

그런데 카페인의 화학구조는 아데노신과 적당히 비슷합니다. 눈썰미 좋은 사람이라면, 아데노신과 카페인의 화학구조식에서 오각형과 육각형 모양의 고리 구조가 비슷하게 생겼다는 사실을 눈치챘을 겁니다. 그 덕택에, 우리가 섭취한 카페인은 아데노신이 결합해야 할 자리에 대신 결합해 버립니다.

이렇게 카페인이 수용체에 결합하면 아데노신과는 정반대의 효과가 나타납니다. 카페인이 아데노신이 해야 할 일을 방해하면서, 졸음 신호를 촉진하는 게 아니라 차단해 버리거든요. 이제 여러분의 뇌는 어서 잠자리에 들라는 아데노신의 신호를 무시합니다. 축하합니다! 잠을 쫓았으니 출근이든, 숙제든, 게임이든, 할 일을 하도록 하세요.

몸속으로 들어온 카페인은 혈관을 따라 신체를 여행하다, 몸속 화학 공장인 간에 도달하면 분해됩니다. 섭취한 카페인이 반

절로 분해되는 데는 평균 다섯 시간 내지 일곱 시간 정도 걸려요. 카페인에 밀려난 아데노신이 이 장면에서 다시 등장합니다! 카페인이 분해되면서 아데노신 수용체의 자리가 비면, 그사이에도 착실히 쌓이고 있던 아데노신이 수용체와 결합하면서 졸음 신호를 방출하죠. 커피를 마시고 몇 시간이 지나면 갑자기 피곤함이 확 몰려오는 데는 이런 이유가 있는 겁니다. 물론 카페인이 모든 사람에게 같은 효율로 작용하지는 않는데, 카페인을 분해하는 능력이 사람마다 다르기 때문입니다. 그래서 어떤 사람은 하루에 커피를 네 잔 이상 마셔도 잘만 자는 반면에, 어떤 사람은 반 잔만 마셔도 밤새도록 잠 못 들기도 하죠.

카페인, 원래는 독이었는데!

그렇다면 애초에 커피나무는 어쩌다 카페인을 만들어 낸 걸까요? 그 이유를 알려면 화학과 생물학 이야기를 간단히 해야 합니다. 유기화학에서, 카페인은 질소 화합물인 '알칼로이드'로 분류됩니다. 현재는 자연에 존재하는 질소 화합물 전체를 아우르는 표현으로 의미가 넓어졌지만, 초기에 알칼로이드는 식물이 만드는 질소 화합물을 뜻했지요. 담뱃잎에서 나오는 니코틴, 양

귀비에서 추출되는 모르핀, 기나나무의 껍질에서 나오는 말라리아 치료제 퀴닌도 모두 식물에서 추출된 알칼로이드예요.

알칼로이드는 식물이 구사한 다채로운 생존 전략의 결과물입니다. 식물들은 초식동물로부터 자신을 지키려고, 미생물과 바이러스의 감염을 막으려고, 다른 식물과의 생존 경쟁에서 우위를 점하려고 독성 화학물질을 만들었습니다. 앞서 살펴봤던 캡사이신처럼 카페인도 숲속 화학전의 무기입니다. 커피나무 잎사귀가 시들어 땅에 떨어지면 잎사귀에서 나온 카페인이 토양에 녹아들면서 다른 식물의 발아를 방해합니다. 그래서 커피나무 주변에는 햇빛과 양분을 놓고 다투는 경쟁자가 쉽게 자라지 못합니다. 여기에 더해 카페인은 잎과 열매를 먹는 곤충들에게는 독으로 작용하지요. 그래서 곤충들은 특별한 카페인 수용체를 발달시켰습니다. 카페인 맛이 나는 식물을 피하려고 말이지요.

2014년, 전 세계 커피 생산량의 30퍼센트를 차지하는 로부스타종 커피+의 유전체가 해독되면서 커피가 카페인을 진화시킨 과정이 밝혀졌습니다. 재미있는 사실은 과학자들이 카페인을 만

+ 전 세계 커피는 대부분 아라비카(*Coffea arabica*)와 로부스타(*Coffea canephora*)라는 두 종의 커피에서 수확됩니다. 생산량의 60~70퍼센트를 차지하는 아라비카는 생두 형태로 소비되며, 그에 비해 맛이 떨어진다고 알려진 로부스타는 인스턴트커피로 가공되어 팔립니다.

드는 다른 식물들과 커피를 비교해 보니, 카페인을 만드는 효소가 커피와는 다르다는 점이었습니다. 커피뿐만 아니라 차, 카카오, 예르바 마테 등 다양한 식물이 카페인을 합성하는데, 각각의 식물들이 다른 방법으로 카페인을 만들고 있었다는 거예요. 이 말인즉슨 이 다양한 식물이 각각 따로 카페인을 만들도록 진화했다는 것을 뜻하지요.

이렇게 공통 조상이 없는 여러 종이 유사한 형태로 진화하는 현상을 '수렴 진화'라고 부릅니다. 수렴 진화의 가장 대표적인 예는 하늘을 나는 신체 구조인 '날개'입니다. 날개는 새·익룡·박쥐가 다 가지고 있지만, 그 세 구조는 해부학적으로 각기 다를뿐더러 서로 진화적으로 관련되어 있지도 않습니다. 단지 '하늘을 난다'라는 조건에 맞추어 진화하다 보니 가벼운 뼈대, 양력을 받을 수 있는 넓은 구조로 비슷한 외형을 갖게 된 것뿐이지요. 비슷하게, 서로 다른 식물이 카페인을 만들게 된 것도 카페인이 생존에 유리한 효과가 있었기 때문에 수렴 진화한 결과라는 것입니다. 인간은 이런 사정도 모르고 좋아라 커피를 마셔댄 거고요.

잠을 깨우는 음료는 커피만 있는 게 아니다!

잠을 깨우는 음료가 비단 커피만 있는 건 아닙니다. 레드불과 몬스터 에너지 등의 '에너지 드링크'나, 박카스 같은 '피로 회복제'도 잠을 깨우는 음료로 광고되죠. 이들이 잠을 깨우는 원리는 커피와 다를까요? 이를 알아보려면 타우린, 과라나 등 에너지 드링크에 들어 있다는 여러 신비한 성분들의 원리를 찾아봐야 합니다.

'타우린'은 소의 쓸개즙에서 처음 발견된 물질로, 황소의 라틴어 표현인 '타우루스(taurus)'에서 이름을 따왔습니다. 타우린의 가장 큰 효능은 피로물질을 배설시켜 피로 해소에 도움을 주는 것이죠. 그런데 타우린은 사실 아미노산의 일종으로, 대부분 우리 몸에서 합성됩니다. 그래서 필수로 섭취해야 하는 영양소는 아닙니다. 더군다나 타우린의 효능은 피로 해소 기능으로 잠이 깨는 각성과는 크게 상관이 없습니다. 피로 회복제를 마시면 잠이 깨는 이유는 피로 회복제에 평균 30밀리그램 정도 들어 있는 카페인 때문입니다. 그러면 몇몇 에너지 드링크에 들어 있다는 '신비의 식물' 과라나는 다르지 않냐고요? 과라나는 브라질이 원산인 덩굴식물로, 붉은색의 과일이 열립니다. 이 과일의 검은색 씨앗에는 카페인이 2~4.5퍼센트 정도의 농도로 들어 있는

데, 이 정도면 커피콩의 약 두 배에 이르는 수치입니다. 결국 과라나에 신비한 효능이 있는 게 아니라, 과라나에 들어 있는 카페인이 잠을 깨워 준다는 뜻이죠. 결국 답은 카페인입니다.

심지어 여러분은 인식하지 못하는 사이 카페인을 마시고 있을 가능성이 큽니다. 그 주범은 콜라를 포함한 탄산음료입니다. 카페인은 탄산음료의 주 첨가물로, 미국의 10대 청량음료 중 여덟 개 제품에 카페인이 들어갑니다. 커피를 마시지 않는 어린이와 청소년에게는 탄산음료가 여전히 주된 카페인 공급원입니다.

그렇다면 카페인, 얼마나 섭취하는 게 좋을까

가끔 시험을 눈앞에 둔 학생들이 카페인 음료를 마시고 밤을 새우는 경우를 볼 수 있습니다. 심지어는 커피와 에너지 드링크, 피로회복제를 섞은 '붕붕 드링크'를 만들어 먹기도 하는데요, 한 잔 마시면 몸이 붕 뜨는 듯한 기분이 들어서 이런 이름이 붙었다나요.

예상할 수 있듯, 과량의 카페인은 곤충과 작은 동물들은 물론이고 인간에게도 치명적입니다. 카페인 음료를 급히 마시면 머리가 어지럽거나, 심장이 빨리 뛰거나, 정신이 예민해지고, 잠자리에 들기 힘든 등의 부작용이 발생합니다. 카페인을 꾸준히 많이 섭취하면 고혈압을 유발해 심혈관계에 무리를 줄 수도 있습니다.

현재 우리나라의 식품의약품안전처는 하루 최대 카페인 섭취량을 성인은 400밀리그램 이하, 임산부는 300밀리그램 이하, 어린이와 청소년은 체중 1킬로그램당 2.5밀리그램 이하로 권고하고 있습니다. 특히나 청소년들은 카페인을 더욱 조심해야 합니다. 몸에 미치는 영향이 더 클뿐더러, 잠에 쉽게 들지 못하게 만들어 성장도 방해하거든요.

하지만 알고 보면, 우리는 모르는 사이 생각보다 훨씬 많은 카페인을 섭취하고 있을지도 모릅니다. 그 이유는 우선 생각지도 못한 다양한 제품에 카페인이 들어가 있기 때문입니다. 그러나 어쩌면 더욱 중요한 이유는, 현대 사회가 우리가 계속 깨어 있길 요구하기 때문일 거예요. 지나치게 많은 일과 공부를 하려면 잠을 줄일 수밖에 없습니다. 어쩌면 커피는 잘 시간도 모자랄 정도로 바쁘게 돌아가는 현대 사회에 가장 적합한 음료 아닐까요?

만약 우리가 원하는 만큼 충분히 푹 잘 수 있는 여유로운 세상에서 산다면, 지금처럼 커피를 많이 마실 이유도 없을 겁니다. 우리는 언제쯤 커피와 카페인의 굴레에서 벗어날 수 있을까요? 벗어날 수 있긴 한 걸까요? 이 글을 쓰는 저도 커피를 마시는 중이지만요.

얼음

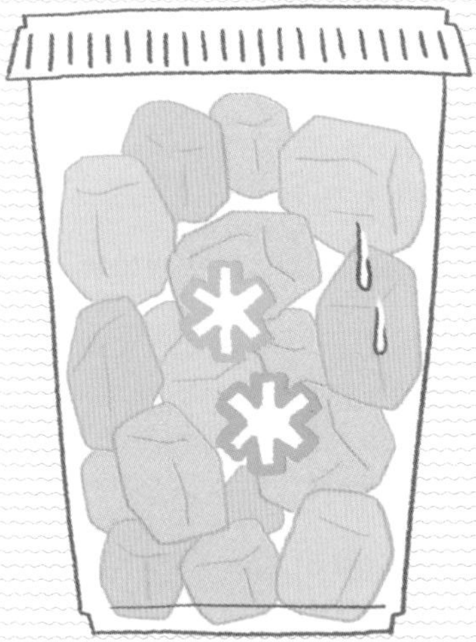

아마도 편의점에서 가장 중요한 물건

편의점에서 커피와 쌍벽을 이룰 만큼 많이 팔리는 또 다른 물건은 바로 '얼음 컵'입니다. 음료를 담아 시원하게 마실 수 있도록 얼음이 들어 있는 플라스틱 컵 말이죠. 얼음이 최고 인기 상품이라니, 놀라우면서도 한편으로는 수긍이 갑니다. 얼음이 동동 떠 있는 시원한 음료를 마시는 것만큼 기분 좋은 순간도 없잖아요.

얼음이 너무 일상적인 물질이라 별로 설명할 내용이 없을 것 같다고요? 천만에요, 우리는 얼음을 몰라도 너무 모릅니다. 혹시 우주에는 수만 가지 얼음이 존재할 수 있고 인간이 지금까지 찾아낸 얼음은 그중 열아홉 가지라는 이야기 들어 봤나요? 편의점 얼음 컵에 든 얼음은 그중 겨우 한 가지에 불과하고요. 더 중요한 사실은 얼음이 편의점의 역사를 열었다는 겁니다. 첫 번째 편의점은 얼음 창고에서 시작되었거든요. 이게 다 무슨 말인지 알아보려면, 우선은 얼음의 물리적 특성에서 시작해야 합니다. 이런 질문으로 시작하면 어떨까요.

왜 편의점 얼음은 물보다 비쌀까요?

이 뚱딴지같은 생각을 하게 된 건, 어느 여름날 편의점에서 산 얼음을 냉동실에 넣는 걸 잊어버렸던 경험 때문입니다. 뒤늦게 얼음 컵을 확인해 보니 얼음은 온데간데없고 미지근한 물만 가득 차 있더라고요. 생각해 보세요. 녹아 버리면 겨우 한 줌 물이 되는 주제에, 얼음은 물보다 훨씬 비싸게 팔리잖아요. 얼음과 물의 차이는 무엇일까요?

전자레인지를 다룰 때 설명했듯이, 물(H_2O)은 산소 원자(O) 하나를 중간에 두고 양옆에 수소 원자(H) 두 개가 미키마우스의 귀처럼 결합한 형태의 분자입니다. 액체인 물에 열에너지를 가하면 기체인 수증기가 되기도 하고, 열에너지를 뺏으면 고체인 얼음이 되기도 합니다. 이때 물 분자의 화학구조는 변하지 않으면서 물 분자 사이의 물리적인 배열, 즉 거리만 바뀌게 되지요. 기체는 물 분자들이 에너지를 받아 활발하게 날아다니는 바람에 서로의 거리가 엄청나게 멀어진 상태입니다. 액체는 이보다는 분자운동이 적어서 차분해진 분자들이 비교적 가깝게 모여 있는 상태죠. 고체는 가깝다 못해 서로 질서정연하게 줄을 맞춰 있는 상태고요.

이렇게 고체·액체·기체 혹은 플라스마[+]처럼 어떤 물질을 구성하는 분자의 물리적 배열에 따른 형태를 '상(phase)'이라 부르고, 얼음이 녹아 물이 되는 것처럼 물질의 상이 변하는 과정을 '상변화'라 부릅니다. 물질은 대개 상변화 과정에서 열에너지를 흡수하거나 방출합니다. 물질이 가지는 열에너지가 많을수록 고체에서 액체로, 액체에서 기체로, 분자들의 배열이 흐트러지기 때문이죠.

그러면 다시 처음의 질문으로 돌아가 봅시다. 얼음을 살 때 우리는 무엇을 사는 걸까요? 얼음은 물이 가지고 있는 열에너지를 빼앗는 과정을 통해 만들어진 결과물입니다. 그런데 물을 식혀 얼음으로 만드는 과정에서는 주변 상황에 따라 추가로 더 많은 에너지를 써야 합니다. 평균 기온이 영하인 극지방이라면 물보다 얼음을 만들기 쉬울지 모르지만, 보통은 상황이 반대니까요. 즉, 우리는 얼음을 살 때 물질(H_2O)은 물론이고 물질이 가진 에너지의 상태(고체)도 함께 삽니다. 얼음이 물보다 비싼 이유는 물 가격에 더하여 얼음이 가진 낮은 열에너지의 형태를 만들 때 추가로 든 에너지 때문이라고 생각해 볼 수 있겠군요.

+ 플리스마는 원자의 핵과 전자가 분리되어 돌아다니는 상태입니다.

얼음 컵 속의 얼음은 물 분자가 육각형 모양으로 규칙적으로 쌓인 결정 구조입니다. 물 분자를 이루는 수소는 다른 물 분자의 산소와 약하게 끌어당기는 성질을 갖는데 이를 '수소 결합'이라 부릅니다.[+] 물 분자 하나가 다른 물 분자 네 개와 수소 결합을 이루면서 육각형 결정 구조를 만든 것이죠. 그래서 물리학자들은 이 보통 얼음을 육각형(hexagon)의 첫 글자를 따 '얼음 Ih'라고 부릅니다.

그냥 얼음이라 하면 될 걸 이렇게 복잡한 이름을 쓰는 이유는, 물리학자들이 분류하는 얼음의 종류가 최소 열여덟 가지나 더 있기 때문입니다. 물 분자들은 온도와 주변 압력에 따라 서로 다른 방식으로도 수소 결합을 이룹니다. 물 분자끼리 이어지는 방식이 달라지면 전혀 다른 성질의 새 얼음이 탄생하는 겁니다. 과학자들은 실험실에서 불쌍한 물 분자를 프레스에 넣고 쥐어짜거나 엄청나게 차갑게 만들거나 뜨겁게 가열해서, 지금까지

+ 물 분자 사이에 수소 결합이 이루어지는 이유는 물 분자의 수소 원자가 약한 양전하를, 산소 원자가 약한 음전하를 띠고 있기 때문입니다. 이름은 수소 '결합'이지만 사실 다른 종류의 화학 결합에 비해 결합력이 약해서, 물질의 화학적 변화를 일으킬 정도는 아닙니다.

총 열아홉 종류의 서로 다른 얼음을 만들어 냈습니다.

이 중에는 정말 듣도 보도 못하게 특이한 얼음들도 있습니다. 예를 들어, 물을 상온에서 약 3만 기압으로 압축하면 만들어지는 '얼음 VII'은 압력을 더 높이면 섭씨 100도가 넘어도 녹지 않습니다. 바깥에서 물 분자에 가하는 압력이 너무 강하다 보니, 아무리 온도가 높아도 물 분자가 자유롭게 도망가지 못하고 주변 물 분자들과 얌전히 고체 상태로 존재하는 거지요. 얼음 VII만 있으면 친구의 콜라 컵에 뜨거운 얼음을 넣는 장난을 칠 수도 있겠군요! (물론 당신과 친구와 콜라 잔이 3만 기압을 버텨 낼 수만 있다면요.)

뜨거운 게 싫은 사람들이라면 얼음 'XI'을 추천해 드릴 수도 있습니다. 2015년, 미국의 우주 탐사선 뉴허라이즌스호가 명왕성의 제일 바깥 위성인 히드라의 표면에서 섭씨 영하 201도보다 낮은 온도에서 만들어지는 이 얼음을 발견했습니다. 광막한 태양계의 끝자락을 도는 위성의 표면 온도가 섭씨 영하 250도 정도이기 때문에 만들어질 수 있었던 것이죠. 이 중에서 원하는 얼음이 없더라도 너무 실망하지 마세요! 최근 물리학자들이 컴퓨터로 시뮬레이션해 보니, 최고 7만 4,963가지의 얼음이 만들어질 수 있다는 결과가 나왔다는군요.

자, 다시 편의점의 얼음으로 돌아와 봅시다. 우리가 얼음을 사는 이유는 얼음이 차갑기 때문입니다. 얼음은 커피와 콜라를 기분 좋을 만큼 차갑게 만들어 주기도 하지만, 현대 사회에서는 냉장하려고 가장 널리 쓰입니다. 낮은 온도에서는 미생물의 성장이 느려지거나 중단되는 걸 이용하는 것이죠. 물론 고대인들도 얼음을 사용하면 음식을 오래 보존할 수 있다는 사실을 알았습니다. 고대 로마인들은 산악 지대에서 채취한 얼음을 깊은 구덩이에 보관하고 팔기도 했지요. 그렇지만 얼음을 오래 보관하기는 무척 힘들었기 때문에, 근대까지만 해도 얼음은 귀족이나 부유층 사이에서만 사용할 수 있는 사치품이었습니다.

19세기가 되자 전 세계에서 얼음의 수요가 증가했고, '얼음 판매'가 수익성 있는 사업으로 떠올랐습니다. 말 그대로 노르웨이나 미국의 호수에서 자른 얼음을 전 세계로 파는 사업이었습니다. 당시 가장 성공적인 얼음 장사꾼이었던 '얼음 왕' 프레더릭 튜더는 미국 뉴잉글랜드의 호수에서 채취한 얼음을 대서양 너머 유럽은 물론이고 남아메리카, 심지어는 지구 반 바퀴를 돌아 인도와 홍콩까지 수출할 정도였습니다. 19세기가 끝날 무렵, 천연 얼음의 생산량으로는 늘어난 수요를 따라가지 못할 정도가 되었습니다. 게다가 천연 얼음은 만들어진 장소에 따라 품질이 제각기였습니다. 깨끗한 상류에서 만든 얼음이라도 약간의 진흙이나 낙엽, 먼지가 섞일 수 있었고, 좀 더 대도시와 가까운 강에서 채취한 얼음은 거무튀튀한 녹색을 띠었습니다. 폐수 얼음을 좋아할 사람은 아무도 없었죠. 그러니 인공 얼음을 만들 필요성도 갈수록 커졌습니다.

얼음을 만드는 데 사용하는 원리는 앞에서 소개한 상변화와 관련 있습니다. 물질의 상태가 변화할 때 주변에서 열에너지를 흡수하거나 주변으로 열에너지를 방출한다고 했지요? 이를 이용해 열을 한 곳에서 다른 곳으로 옮기는 것이 핵심입니다. 냉장고의 경우를 예로 들어 봅시다. 우선 열을 운반하는 물질, 즉 '냉매'를 파이프에 넣습니다. 얼음을 얼리는 장소에 도착하면, 액체 상태의 냉매는 기체로 증발하며 열을 흡수합니다. 열을 빼앗긴 물은 얼음이 되지요. 기체가 된 냉매는 파이프를 통해 바깥으로 빠져나갑니다. 이곳에서 압축기가 냉매를 압축시키는데, 냉매가 압력을 받아 기체에서 액체로 변하면서 열을 방출합니다. 즉, 냉매를 통해 냉장고 안쪽의 열을 모아 옮긴 후 바깥쪽에다 버리는 것이죠. 액체가 된 냉매는 다시 냉장고 안으로 돌아가 열을 빼앗는 일을 반복하며 평생 압축과 증발의 삶을 살아갑니다. 그리고 냉장고 안에는, 짠! 얼음이 만들어지는 것이죠. 이 순환 과정은 제빙기는 물론이고 냉장고나 에어컨 등 온도 조절이 필요한 모든 장치에 두루 쓰이는 원리입니다.

19세기 동안 수많은 사람이 냉동 기술을 발명하고 특허를 냈습니다. 1834년 영국의 발명가 제이컵 퍼킨스가 제빙기를 만들었고, 1847년 7월 14일에는 미국의 의사 존 고리가 최초로 인공 얼음을 선보였습니다. 존 고리는 덥고 습한 플로리다주 애펄래치콜라에 살았는데, 이곳에는 말라리아와 황열병을 옮기는 모기들이 들끓었습니다. 그는 환자들의 증상을 호전시키려고 얼음을 매달아 공기를 시원하게 만들었습니다. 이 방법이 효과가 있자 그는 방을 시원하게 하도록 물을 냉각하는 장치를 만들었는데, 이 장치가 너무 잘 작동한 나머지 얼음이 만들어진 겁니다.

안타깝게도 이 선구자들이 바로 성공을 거두지는 못했습니다. 존 고리의 경우, 얼음 왕 프레더릭 튜더를 포함한 얼음 판매업자들이 사업을 집요하게 방해했다고 전해집니다. 인공 얼음이야말로 얼음 판매 사업의 가장 큰 위협이었을 테니까요. 결국 존 고리는 파산했습니다. 이후 큰 성공을 거둔 시브·해리슨의 제빙기, 페르디낭 카레의 제빙기는 약 20년 후에나 등장하게 되지요. 혁신적인 발명이 꼭 성공으로 연결되지는 않는 것입니다.

20세기 들어 얼음이 팔리고 냉동 기술이 발달하면서, 한곳에서 만들어진 식량이 먼 거리를 이동해 다른 곳에서 팔리는 일이 가능해졌습니다. 식료품을 생산지부터 소비지까지 저온으로 유지하며 유통하는 체계인 '콜드 체인'이 도입된 것입니다. 콜드 체인이야말로 편의점을 정의하는 핵심 기술입니다. 편의점을 한번 둘러보세요. 삼각김밥부터 음료수까지, 대다수의 제품이 편의점의 벽을 꽉 채운 냉장고에 들어 있지 않나요? 냉각 기술이 아니었다면 만나지 못할 광경이죠.

더 재미있는 역사는, 편의점이 탄생한 곳이 바로 제빙 회사의 얼음 창고였다는 사실입니다. 1927년, 미국 텍사스의 '사우스랜드 제빙 회사'의 종업원인 제퍼슨 그린은 얼음 공장에서 우유와 빵, 달걀 등의 식품을 팔기 시작합니다. 이 상품들은 다른 가게가 문을 닫는 저녁이나 일요일에 특히 잘 팔렸습니다. 얼음 창고는 식료품을 항상 차고 신선하게 보관할 수 있으니 다른 가게보다 경쟁력이 있었고, 여기에 더해 영업시간까지 늘리자 제퍼슨 그린의 장사는 점점 인기를 얻기 시작했습니다. 사우스랜드 제빙 회사의 사장 조 톰슨은 이 성공을 눈여겨보고, 회사가 운영하는 얼음 공장과 창고에서 간단한 식료품을 팔도록 지시합니다.

얼음 창고를 효율적으로 쓸 무슨 좋은 사업 없을까…?
북극곰 호텔
…
신선식품을 같이 팔아 보자!

이것이 첫 번째 편의점의 시작이었습니다. 이후 매장에는 통조림 제품과 과일 등이 들어왔고, 먼 곳에서 자동차를 몰고 와 쇼핑하는 사람들을 위해 휘발유도 팔았습니다. 이렇게 편의점이 퍼지며 인기를 얻자, 1946년 사우스랜드 제빙 회사는 새 편의점 브랜드를 만들어 발표합니다. 아침 7시부터 밤 11시까지 문을 연다는 뜻을 담아, '세븐일레븐(7-eleven)'이라는 이름으로 결정했지요. 여러분도 잘 알 편의점 세븐일레븐이 탄생한 겁니다.

즉, 얼음과 얼음을 만들기 위한 기술이 결국 식료품을 신선하게 유통하는 편의점을 만든 겁니다. 그러니 제가 왜 얼음을 편의점에서 가장 중요한 물건이라 부른 건지 이제 조금은 이해될 겁니다. 인공 얼음의 역사에서 편의점이 시작되었다고 해도 무방하니까요.

하지만 편의점에서 팔리는 물건이 꼭 신선식품만 있는 건 아닙니다. 음식 말고도 다양한 물건이 편의점 여기저기를 장식하고 있지요. 삼각김밥부터 커피까지 다양한 음식을 먹고 마셨으니, 이제는 편의점의 다른 물건들을 구경할 시간입니다.

그 전에, 우선 이 좀 닦고요!

칫솔

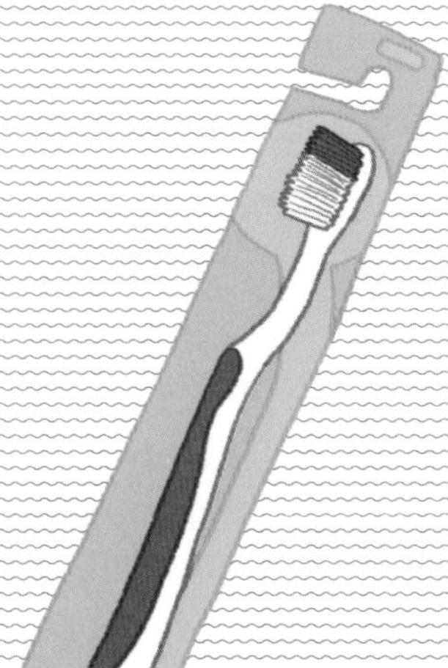

이 제대로 안 닦으면 역사에 남는다!

식사 잘 마쳤나요? 달콤한 디저트와 시원한 음료로 입가심도 했고요? 그러면 이제 이를 닦을 시간입니다. 조심하세요. 겨우 70밀리리터 정도 되는 부피의 입 안에는 우리도 모르는 수많은 미생물이 작은 우주를 이루고 있습니다. 만일 이 심연을 구석구석 청소하지 않는다면, 입 냄새와 치통은 물론이고 다양한 괴로움이 여러분을 찾아올 겁니다. 심지어는 후대 고고학자들의 연구 자료가 되어 역사에 길이길이 남을지도 모르죠. 무슨 말이냐고요?

베일에 싸인 중세 여성의 삶, 치석으로 밝혀지다

독일 서부의 작은 마을인 달하임에는 폐허가 된 작은 수도원 유적이 있습니다. 지금은 돌로 쌓은 기반만 남은 이 수도원이 언제 세워졌는지 정확히 아는 사람은 아무도 없습니다. 고문헌 기록에는 1244년부터 등장하는데, 14세기 전쟁에 휩쓸려 완전히 불타면서 모든 기록이 사라졌거든요.

이후 발굴 조사를 통해 이곳이 약 14명의 수녀가 생활한 수도원이라는 사실이 밝혀졌습니다. 수도원 근처 묘지 터에서는 보존 상태가 좋은 유골도 발견되었지요. 2014년, 고고학자들이 'B78'이라 이름 붙인 유골을 분석하던 중 특이한 점을 발견했습니다. 유골 아랫니 밑에 박힌 치석이 푸른색을 띠고 있었던 것입니다.

고고학자들은 푸른 치석의 수수께끼를 풀려고 여러 방법을 동원해 B78의 신상 정보를 파헤쳤습니다. 우선 B78은 기원후 997~1162년 사이 생존했던 중년의 여성임이 밝혀졌습니다. 십자군이 예루살렘으로 첫 발걸음을 떼던 중세를 살았던 것이죠. 묘지에 묻힐 당시 나이는 약 45~60세였는데, 심한 질환이나 고된 노동을 한 흔적은 없었습니다. 이를 통해 육체노동을 할 필요가 없는 고귀한 신분이라는 것을 짐작할 수 있었죠.

그러면 푸른색 치석은 어떻게 된 일일까요? 독일 막스플랑크 인류역사과학연구소와 요크대학 연구팀은 치석 표본을 떼어 내 초음파로 분해했습니다. 그렇게 치석에서 떨어진 청색 분자에 빛을 쏘아 나오는 파장을 분석했더니, 치석의 푸른색이 준보석인 '청금석(라피스라줄리)'이라는 사실이 밝혀졌습니다.

청금석은 파란색 안료인 '울트라마린'을 만들 때 사용하는 광물로, 중세에는 중앙아시아의 아프가니스탄 지방에서만 생산되었습니다. 울트라마린은 다른 푸른색 안료보다 색이 아름답고 뚜렷하고 변하지도 않는 데다, 원료인 청금석을 먼 곳에서 수입해 와야 했기 때문에 가격이 금이나 은과 비슷할 정도로 비쌌습니다. 이렇게 비싸다 보니 중세에는 성모 마리아의 옷 등 특별한 경우에만 쓰이는 귀중한 물감이었죠. 그런데 이런 비싼 청금석이 치석에 끼어 있었다고요?

연구팀은 이 여인이 청금석으로 약을 지어 먹었거나 종교적 열정에 취해 울트라마린으로 그린 종교화에 키스했을 경우까지 여러 가능성을 검토했습니다. 그중 가장 가능성이 컸던 가설은 생전의 B78이 화가라는 것이었습니다. 중세의 필사본 책에 종교화를 그리는 화가들은 그림을 그리다 붓이 마르면 붓끝을 입 끝으로 빨아 붓을 뾰족하게 만들고는 했는데, 그 과정에서 입에 들어간 울트라마린이 치석에 착색된 거지요.

후세 사람들은 상상력이 풍부하군…

지금까지는 대부분의 중세 종교화를 그린 사람은 남자였다고 생각해 왔지만, 연구자들은 이번 연구가 중세 여성들도 그림을 그리고 종교 서적을 제작하는 데 중요한 역할을 했다는 사실을 보여 준다고 밝혔습니다. 유골에 남은 작은 푸른색 치석 조각에서 잊힌 중세 삶의 한 단면이 드러난 셈이죠.

치석은 어떻게 생기나

식사를 마치면 입 안에 음식 찌꺼기가 남습니다. 여기에 침과 음식 찌꺼기를 분해하면서 번식한 박테리아가 뒤섞이면서 끈적거리는 하얀색 물질이 생성됩니다. 이를 치태 혹은 플라크라 부르죠. 치아를 덮은 플라크를 칫솔로 제때 닦아 내지 않으면, 침 속에 녹아 있는 칼슘 이온이 플라크에 흡수되면서 딱딱해집니다. 즉, 칼슘을 흡수한 플라크가 돌처럼 굳어져 이에 붙어 버리면 치석이 되는 것입니다.

치석은 입 안 환경의 변천사를 기록하는 살아 있는 증거입니다. 음식 찌꺼기와 구강 박테리아 반죽을 칼슘 결정으로 굳혀 놓았으니, 고고학자들이 치석에 열광하는 것도 당연합니다. 치석의 화학 조성과 DNA를 분석하면 고대인들이 어떤 음식을 먹었고 어떤 구강 질환으로 고생했는지 추측할 수 있으니까요. 푸른 치석은 사실상 방대한 치석 연구의 작은 조각일 뿐, 이전부터 많은 과학자가 치석을 통해 고대인의 생활을 파악해 왔습니다. 2017년에는 호주 애들레이드대학교 연구팀이 유럽에서 발견된 네안데르탈인 화석에 남아 있는 치석을 분석해 털코뿔소부터 야생 양인 무플런, 버섯, 잣, 이끼 등 거주지에 따라 다양한 음식을 먹었다는 연구를 발표하기도 했지요. 우유 장에서 잠깐 언급했던, 서아프리카인들이 6000년 전부터 우유를 마셔 왔다고 밝힌 연구도 유골의 치석을 분석한 결과였고요.

이 글을 읽는 누군가는 치석이 이를 덮고 있으면 보호가 되어서 도리어 건강에 도움이 되지 않을까 생각할 수도 있겠습니다. 저도 한때 그렇게 생각하고 치과를 멀리한 적이 있는데요, 안타깝게도 세상은 그렇게 만만하지 않습니다. 치석은 이의 가장 바깥층인 '법랑질'에 흡수되어 법랑질을 튼튼하게 만들어 줄 칼슘 이온을 빼앗아 이를 약하게 만듭니다. 여기에 더해 치석은 다양한 유해 세균의 서식처이기도 하죠. 그래서 치과에서 주기적으로 치석을 제거하는 스케일링 시술을 받는 것이 중요합니다. 굳이 치석을 모아 미래의 고고학자들에게 21세기 인류의 식단을 알려 줄 생각이 있는 게 아니라면요.

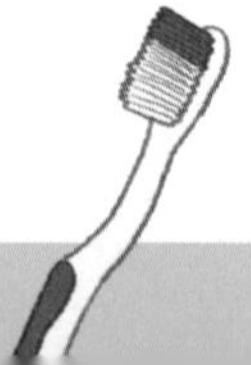

입 안 미생물들의 생존 전략, 생물막!

우리가 식사 시간에 입에 집어넣는 짜고, 맵고, 뜨겁고, 차갑고, 단단하고, 질긴 음식들을 생각해 보세요. 입 안이라는 환경은 신체 그 어느 부위보다도 다양한 화학물질이 지나가는 최전선입니다. 치아는 이 극한 환경에서 단단하고 질긴 음식을 잘게 분해하는 임무를 띠고 있는 만큼, 신체 그 어느 부위보다도 단단합니다. 법랑질은 뼈 중에 가장 단단한 치밀골보다 약 다섯 배 이상의 강도를 지니고 있지요.

미생물은 이런 환경에서도 번성하고 있습니다. 입 안 미생물의 데이터를 모아 놓은 '인간 구강 미생물 데이터베이스'에 따르면, 현재까지 입 안에서 발견된 미생물은 총 774종에 달합니다. 그중 이름이 붙은 미생물은 겨우 58퍼센트이고, 나머지는 연구가 덜 되어 이름이 붙지 않았거나 배양조차 할 수 없는 상태입니다. 입 안에 미지의 동물원이 펼쳐진 셈입니다.

입 안 미생물들은 종류에 따라 선호하는 장소가 다릅니다. 혀, 잇몸 틈새, 입천장, 치아 표면 등 위치에 따라 산소 농도, 축축함, 산성도 등 환경이 다르기 때문입니다. 이런 복잡하고 다양한 환경에서 미생물이 번성할 수 있는 이유 중 하나는 미생물의 생존 방식인 '생물막(바이오필름)' 덕분입니다.

생물막이 뭐냐고요? 지금 손톱을 세워 앞니를 긁어 보세요. 아까 우리가 플라크라고 불렀던 하얀 찌꺼기가 묻어 나왔다면, 그게 바로 생물막입니다. (너무 많이 묻어 나온 기분이 든다면, 가서 이를 닦고 오세요.) 생물막은 수많은 미생물이 축축하고 단단한 표면에 들러붙어 자라면서 만든 집합체입니다. 미생물이라 하면 우리는 보통 미생물 한 마리가 물속에서 홀로 꼬물거리며 헤엄치는 모습을 상상하지만, 실제로 미생물이 혼자 움직이는 경우는 드뭅니다. 다양한 미생물이 함께 모여 연합 전선을 펼치는 것이 생존에는 훨씬 도움이 되거든요. 그래서 세균은 물론이고 고세균이나 원생생물 등 다양한 미생물이 생물막을 만듭니다.

입 안 미생물이 생물막을 만드는 단단한 표면은 치아 위입니다. 일단 치아에 붙은 미생물은 '세포외 다당류'라는 물질을 세포 밖으로 분비하는데, 이 끈적거리는 물질은 내부에 있는 미생물들을 보호하는 안정된 환경을 만들어 줄 뿐만 아니라 다른 미생물이 붙을 수 있는 근거지 역할도 합니다. 여기에 다른 미생물들이 새로 들러붙고, 또 세포외 다당류를 분비하면서 생물막이 점점 불어나죠.

생물막은 미생물이 사는 그 어느 곳에도 생길 수 있습니다. 변기와 세면대는 물론이고 국제우주정거장(ISS)의 배관 내부에서 자라기도 하죠. 변기의 생물막이 주는 해악은 더러워 보이는 정도뿐이지만, 잘못된 곳에 생긴 생물막은 치명적인 영향을 줄 수도 있습니다. 치아 위에 생긴 생물막도 그 한 예입니다. 앞서 설명한 것처럼 생물막은 치석을 만들 뿐만 아니라, 충치의 출발점이 되기도 합니다.

충치를 유발하는 대표적인 세균 중 하나가 스트렙토코쿠스 무탄스(*Streptococcus mutans*)입니다. 무탄스균은 이 사이에 끼어 있는 음식물의 당분을 젖산으로 분해하여 에너지를 얻는데, 문제는 젖산이 치아 법랑질을 녹인다는 사실입니다. 게다가 무탄스균은 설탕에 반응하여 다당류의 일종인 '글루칸'을 만드는데, 글루칸은 무탄스가 포함된 생물막을 더 탄탄하고 안정된 구조로 만들어 주는 역할을 합니다. 이래서 달콤한 음식이 이를 썩게 만든다는 말이 나온 것입니다.

실제로 고고학자들은 당분이 더 많은 충치를 가져왔다는 증거를 찾기도 했습니다. 예를 들어, 북아메리카에서 발견된 유골을 토대로 한 치석 연구는 옥수수 농사가 시작된 기원후 500년 이후로 충치가 열 배가량 늘었다고 보고했습니다. 농사를 짓기 전의 인류는 수렵 채집 생활을 통해 다양한 종류의 음식을 먹었지만, 농사가 시작되면서 밀·쌀·옥수수 등 탄수화물 중심의 식단이 만들어졌고, 당분 섭취도 크게 늘었기 때문입니다. 풍족한 영양분 공급이 인간은 물론이고 무탄스균의 증식에도 도움이 된 셈입니다.

구강 건강의 오래된 미래, 칫솔과 치약

2003년, 미국 매사추세츠공과대학교(MIT)에서 미국인들을 대상으로 없으면 안 되는 중요한 발명품이 무엇인지 묻는 조사를 한 적이 있습니다. 1등은 놀랍게도 전자레인지(5위)도, 휴대전화(4위)도, 컴퓨터(3위)도, 자동차(2위)도 아닌 1000년도 넘은 발명품, 칫솔이었습니다! 심지어 칫솔은 압도적인 1위로, 조사에 참여한 10대의 3분의 1이, 어른의 거의 절반이 칫솔이 제일 중요하다고 답변했죠.

21세기가 되고도 20년이 흘렀지만, 입 안 생물막을 제거하는 가장 좋은 방법은 여전히 물리적 힘으로 생물막을 파괴하는 것입니다. 이 역할을 하는 도구가 바로 칫솔입니다. 솔로 치아 표면의 생물막을 긁어내는 거죠. 이 사이에 끼인 음식 찌꺼기를 제거하기 위한 도구는 아득히 먼 옛날부터 만들어지기 시작했습니다. 기원전 약 3500~3000년 전의 수메르와 이집트 유적에서는 '추스틱'이라 불리는, 끝을 씹은 나무줄기가 발견되었습니다. 나무줄기를 씹으면 내부의 섬유질이 솔처럼 벌어지는데 이를 이용해서 이를 닦은 것이죠.

지금과 같은 형태의 칫솔은 중국 당나라에서 처음 만들어졌는데, 대나무나 뼈에 빳빳한 돼지털을 붙여 만들었습니다. 돼지털 칫솔은 쉽게 상하거나 세균이 번식할 수 있다는 단점이 있었지요. 이를 보완한 재료가 바로 나일론입니다. 미국의 유기화학자 월리스 흄 캐러더스가 발명한 합성섬유인 나일론은 스타킹으로 잘 알려져 있지만, 실제로 1938년 나일론이 처음 쓰인 제품은 칫솔이었습니다. 나일론 칫솔은 세균 감염의 우려는 물론이고 털이 빠지거나 빠진 털이 이 사이에 끼이는 일도 적어 각광을 받았죠.

나무줄기에서 돼지털을 거쳐 나일론으로, 재료는 끊임없이 바뀌었지만 칫솔의 원리는 지금도 여전히 고대와 같습니다. 그만큼 칫솔이 단순하면서도 효과적인 발명품이라는 의미겠지요. 21세기는 역사상 가장 치의학이 발달한 시대이지만, 혁명적인 치아 관리 수단이 나오지 않는 한 우리는 이를 열심히 닦고 살아야 할 겁니다. 치통의 괴로움을 견디다 못해 진통제의 도움을 빌리고 싶지 않다면요.

진통제

약, 꼭 식후 30분에 먹어야 할까?

치과 진료를 받고 온 날, 밤이 되자 마취가 풀리면서 서서히 고통이 찾아왔습니다. 부은 뺨에 얼음찜질을 했지만 치통은 줄어들 기미를 보이지 않았습니다. 참다못해 한밤중에 편의점에서 진통제를 사 왔어요. 약 한 알을 먹으니 고통이 거짓말같이 스르르 사라지더라고요. 진통제를 먹을걸, 뭐하러 지금까지 고통을 참았던 걸까!

2012년 11월 15일부터 편의점에서 안전상비의약품이 팔리기 시작하면서, 이제는 진통제도 편의점에서 찾아볼 수 있는 의약품이 되었습니다. 현재는 편의점에서 해열진통제는 물론이고 감기약이나 소화제도 구할 수 있습니다. 약국이 문을 닫은 늦은 밤이나 공휴일에 약이 필요한 사람들, 혹은 약국과 멀리 떨어진 곳에 사는 사람들은 약을 구하기 훨씬 편해졌죠. 그런데 약을 먹고 나니 살짝 불안합니다. 보통 약은 식후 30분에 먹으라고 하잖아요. 한밤중에 알약을 먹었는데, 저 괜찮을까요?

약 먹는 시간, 왜 식사 후 30분일까

약국에서 자주 듣는 말이 있습니다. "하루 세 번, 식후 30분"이죠. 사실, 약을 먹는 시간은 약의 종류에 따라 달라집니다. 약의 복용 시간은 크게 식사 전, 식사 후, 잠자기 전으로 나눌 수 있습니다. 당뇨약, 식욕 촉진제 등 음식물이 약의 흡수를 방해하거나 식사 때 약의 작용이 바로 나타나야 하는 종류의 약은 식사 전에 먹습니다. 항히스타민제는 먹으면 졸음이 오기 때문에 잠들기 전에 복용하는 게 안전하죠.

식사 후에 먹는 약들은 몸으로 흡수되는 과정에서 위 점막을 자극해 속쓰림 증상을 유발할 수 있습니다. 특히 뒤에 나올 이부프로펜 같은 소염 진통제는 위벽을 얇게 만드는 성질을 지니고 있어요. 그렇기 때문에 식사 후에 약을 복용하면 음식물이 위 점막을 보호하는 역할을 해 속 쓰림을 가라앉힐 수 있습니다.

그런데 굳이 식후 '30분'인 이유가 뭐냐고요? 사실……, 딱히 중요한 이유는 없습니다. 이제까지 식후 30분을 강조한 이유는 하루 세 번, 규칙적으로 복용할 수 있게 하기 위함입니다. 식사 시간 후 30분에 맞춰 약을 먹으면 종일 몸속의 약물 농도가 일정하게 유지되어 치료 효과가 좋다는 겁니다. 그런데 해외의 사례도 그렇고, 우리나라 식품의약품안전처도 그렇고 굳이 30분

을 지켜야 한다고 나오지는 않습니다. '식후'는 과학적이지만 '30분'에는 과학적 근거가 부족한 겁니다.

오히려 식후 30분을 지키려다 약 먹는 걸 깜빡 잊어버리는 부작용도 많이 발생하는 바람에, 서울대학교병원의 경우 2017년부터 약물 복용 기본 용법을 '식사 후 30분'에서 '식사 직후'로 변경하기도 했습니다. 그러면 환자들이 까먹지 않고 약을 더 잘 챙겨 먹을 수 있겠지요. 한밤중에 진통제를 먹은 저는 치통은 잦아들겠지만 속은 살짝 쓰릴지도 모르겠군요.

네안데르탈인이 미루나무를 씹은 이유는?

앞서 소개한 네안데르탈인의 치석 연구, 기억나나요? 에스파냐 엘 시드론 동굴에서 발견된 4만 2000~5만 년 전 네안데르탈인의 유골을 분석하던 과학자들은 한 치석에서 미루나무의 흔적을 발견했습니다. 고대인이 맛도 영양도 없는 미루나무를 씹은 이유는 무엇일까요?

과학자들은 미루나무와 버드나무 껍질에 통증을 줄이는 성분이 들어 있다는 사실에 주목했습니다. 나무껍질은 기원전 약 2000년의 고대 이집트 파피루스에 등장할 정도로 유서 깊은 진

[고대의 약품]
미루나무
껍질®
질겅질겅
섭취하세요

효과 빠른
진통껍질
버드나무
두통
치통
생리통

통제였습니다. 고대인이 나무껍질을 약용으로 썼을 수 있다는 것이죠. 이 추측의 다른 증거는 미루나무가 검출된 유골의 치아에서 발견된 농양의 흔적이었습니다. 농양은 치아의 감염이 심해지면서 나타나는 고름 덩어리로 끔찍한 치통을 일으킵니다. 이뿐만 아니라 유골의 다른 부분에서는 심각한 소화불량의 흔적도 발견되었습니다. 즉, 이 불행한 네안데르탈인은 치통과 복통을 조금이라도 줄여 보고자 진통 성분이 든 미루나무의 껍질을 씹었던 것 아닐까요?

통증은 뜨거운 것이나 날카로운 물건, 혹은 화학물질 등에 의해 말초신경계의 통각 수용기가 자극되면 생깁니다. 말초신경계나 중추신경계에 이상이 생겼을 때도 발생할 수 있죠. 밤에 화장실에 가다가 문지방에 발가락을 찧는다면 도대체 왜 통각 수용기 따위가 존재하냐는 불평이 치밀지만, 통각은 우리 몸이 어떤 위험 상황에 빠져 있는지 경고하는 생존에 정말로 중요한 신체 감각 중 하나입니다. 당장 통각이 없었다면 문지방이 그곳에 있었는지도 몰랐겠죠. 종이에 손가락을 베여도, 건물 3층에서 뛰어내려 다쳐도 아픔을 느끼지 못한다고 생각해 보세요.

실제로 고통을 느끼지 못하는 '무통성 무한증' 등의 희귀 질환에 걸린 환자들은 뼈가 부러지거나 3도 화상을 입어도 고통을 느끼지 못해 치료가 늦어지기도 합니다. 통증을 느낄 수 없다면 견뎌야 하는 삶의 괴로움은 가벼워지겠지만 그만큼 몸의 이상을 늦게 깨닫게 될 겁니다. 통증이 생존의 필수 조건이라니 이 무슨 실존적 아이러니인가요!

전통의 진통제, 아스피린

진통제는 말 그대로 통증을 진정시켜 주는 역할을 하는 약물을 의미합니다. 그런데 많은 진통제가 버드나무 껍질처럼 진통은 물론이고 열을 낮추고(해열) 염증을 줄이는(소염) 효과를 같이 가지고 있기도 합니다. 염증을 억제하면 통증도 덩달아 줄어들기 때문이죠. 몇몇 약에 '소염 진통제'라는 설명이 붙어 있는 이유입니다.

그렇다면 네안데르탈인과 이집트인이 씹은 버드나무 껍질의 정확히 어떤 성분이 진통 작용을 하는 것일까요? 인류가 버드나무 껍질을 씹어 온 기간과 비교해 볼 때, 진통 성분이 밝혀진 것은 상당히 최근인 19세기입니다. 1828년, 독일의 약사인 요한 뷔히너가 버드나무 껍질에서 진통 성분을 추출하여 '살리신'이라는 이름을 붙였지요.[+] 이후 살리신이 당과 방향족 화합물[++]이 합쳐진 구조이고, 방향족 화합물만 추출하면 진통 효과가 더 뛰어난 '살리실산'이 만들어지게 된다는 사실이 밝혀졌습니다.

그런데 살리실산에는 한 가지 문제가 있었습니다. 상처의 염증이 줄고 통증이 가라앉는 대신 맛이 너무 쓴 데다 위장을 자극해 위경련을 일으키는 것이었죠. 통증을 줄여야 하는 약품이 다른 통증을 불러온다니요? 결국 1897년, 마침내 살리실산의 부작용을 개선한 화학물질이 발명됩니다. 바로 지금까지도 가장 많이 팔리는 약품 중 하나인 '아스피린'입니다.

아스피린은 독일의 제약 회사 바이엘에 근무하던 연구원 펠릭스 호프만이 만들었다고 알려져 있습니다. 그에게는 류머티즘+++에 걸려 심각한 부작용을 겪으면서도 살리실산을 복용해야 하는 아버지가 있었죠. 호프만은 살리실산의 구조를 여러 방향으로 바꿔 보면서 실험을 거듭했습니다. 그러다 살리실산의 산성을 만드는 하이드록시기에 카복실기를 붙여 '아세틸살리실

+ 앞서 룽게가 커피에서 카페인을 추출했을 때가 비슷한 시기인 1819년이었다는 사실을 기억하나요? 19세기 초는 식물에 들어 있는 알칼로이드 성분이 막 정제되기 시작한 연구의 황금기였습니다. 1804년 마약류 진통제 성분인 모르핀이 추출된 것을 시작으로 수많은 알칼로이드 성분이 밝혀졌지요.

++ 평면형 고리를 포함한 탄소 화합물. 화학구조식에서 육각형 고리가 한두 개 포함되어 있는 경우가 많습니다.

+++ 뼈, 근육, 관절 등이 단단하게 굳거나 아프며 운동하기가 곤란한 증상을 보이는 병을 통틀어 이르는 말.

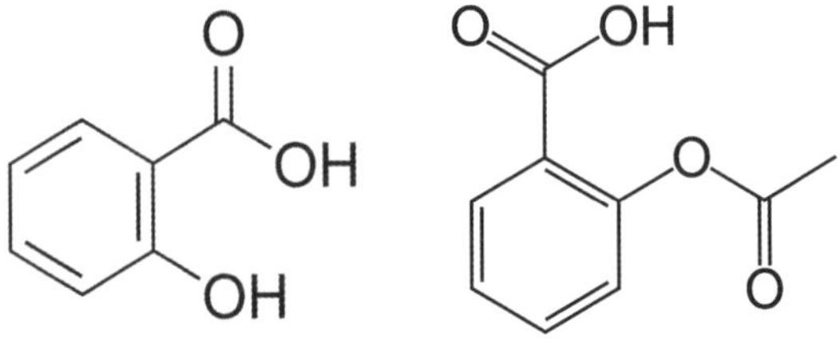

▲ 살리실산(왼쪽)과 아세틸살리실산(오른쪽)의 구조.

산'을 만듭니다. 아세틸살리실산은 1853년에 이미 합성된 바 있는 물질이었지만, 바이엘의 연구진들은 아세틸살리실산이 살리실산의 부작용은 줄인 채 약효는 유지된다는 사실을 처음 밝혀냈습니다. 아스피린은 아세틸살리실산의 제품명이었고요.

그런데 이 훈훈한 아스피린의 발명에는 그렇지 못한 뒷이야기가 있습니다. 1949년, 바이엘 연구소의 수석 화학자였던 아르투어 아이헨그륀이 죽기 2주 전 자신이 아스피린의 최초 개발자였다는 내용의 글을 발표한 것입니다. 호프만의 상사였던 아이헨그륀은 그에게 실험을 하도록 지도했고, 임상 실험도 직접 진행했습니다. 그런데 제1차 세계대전 이후 독일에서 반유대주의가 득세하면서 유대인인 아이헨그륀이 '아스피린 최초 발명자'라는 타이틀을 빼앗겼다는 겁니다. 아스피린의 개발에 걸린 명예는 아직도 불확실한 상태로 남아 있습니다.

버드나무 껍질에서 아스피린이 만들어지기까지 수천 년이 걸렸습니다. 한편, 아스피린의 진통 원리가 알려진 것은 그로부터 약 150년 지난 1971년에 이르러서입니다. 핵심은 '프로스타글란딘'이라는 물질이었습니다. 프로스타글란딘은 종류에 따라 자궁 수축, 혈압 저하, 혈소판 응집 등 몸에서 여러 가지 작용을 합니다. 그중 프로스타글란딘 PGE2는 발열 및 통각 전달 작용을 하지요.

아스피린은 프로스타글란딘을 만들지 못하게 방해하는 역할을 합니다. 몸속에는 사이클로옥시게네이스, 줄여서 COX라 불리는 효소가 프로스타글란딘을 만듭니다. 아스피린이 COX 효소의 활성화 부위에 끼어들어 프로스타글란딘 생성을 멈추게 만드는 것이죠. 프로스타글란딘과 아스피린의 기작을 연구한 세 명의 생화학자 수네 베리스트룀, 벵트 사무엘손, 존 베인은 150년 만의 발견에 대한 공로로 1982년 노벨 생리 의학상을 공동 수상합니다.

이들의 연구는 또한 아스피린의 부작용을 이해하는 데도 도움이 되었습니다. 아스피린을 복용한 사람은 피가 잘 멈추지 않는데, 프로스타글란딘이 혈액이 굳게 만드는 물질을 만들 때도 관여하기 때문입니다. 그래서 치과 진료 전에는 아스피린을 복용하면 안 됩니다. 입 안이 피투성이가 되어 치료하기 어려울 수도 있기 때문이지요. 또한 COX 효소가 위장관을 보호하는 데도 관여하기 때문에, 오랫동안 아스피린을 복용하면 위장 장애가 나타날 수도 있지요. 이런 부작용을 극복하려고 감기약으로 자주 쓰이는 이부프로펜(애드빌, 부루펜 등의 제품) 등 다양한 대체 진통제가 만들어졌습니다.[+] 그중에서도 가장 성공적이었던 약품은 아세트아미노펜, 즉 타이레놀이었지요.

편의점에서 파는 타이레놀과 약국에서 파는 타이레놀의 차이는?

잠깐, 아세트아미노펜? 타이레놀? 명칭이 헷갈린다고요? 현재 편의점에 가면 볼 수 있는 타이레놀은 미국 존슨앤드존슨에서 아세트아미노펜 성분으로 만든 진통제의 판매명입니다. 존슨앤드존슨은 1955년 최초로 아세트아미노펜을 개발해 진통제로 만

+ 그렇지만 이런 진통제 중 다수가 아스피린처럼 COX 효소를 억제하는 식으로 작동하기 때문에, 아스피린과 비슷하게 위장 출혈을 일으키는 부작용이 있습니다.

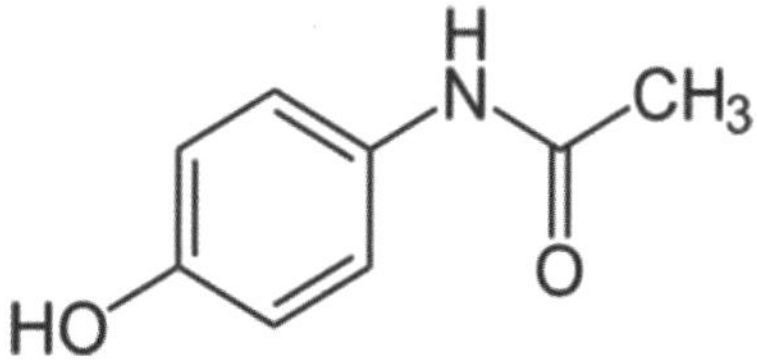

▲ 아세트아미노펜의 구조.

드는 데 성공했지요.

아세트아미노펜 성분의 특허가 만료되면 다른 의약품 회사에서도 같은 성분의 의약품을 만들 수 있게 되는데, 이를 '제네릭 의약품'이라 부릅니다. 실제로 종근당 '펜잘'이나 대원제약의 '펜세타' 같은 진통제 제품도 아세트아미노펜을 주원료로 한 제네릭 의약품입니다. 내용물은 거의 같지만 판매명이 다른 것이지요.

아세트아미노펜은 다른 진통제보다 부작용이 적어 무난하게 사용할 수 있습니다. 아세트아미노펜 역시 중추신경계의 COX 효소를 차단하지만, 신체의 다른 부위에 작용하지 않아 항염증 작용이 없지요. 그래서 아스피린의 탄생 이후로 가장 널리 쓰이는 진통제로 자리매김했습니다. 하지만 아세트아미노펜에도 치명적인 부작용이 있는데, 과량을 복용하면 간독성을 일으킨다는 것입니다. 그래서 타이레놀을 먹은 상태에서 술을 마시면 심각한 간 손상을 일으키게 되는데, 타이레놀과 알코올 모두 간에서 분해 대사를 거치기 때문이죠. 미국에서만 아세트아미노펜 과다 복용으로 매년 5만 6,000명이 응급실로 실려오고 그중 500명이 목숨을 잃을 정도지요.

이런 부작용을 막기 위한 노력은 편의점에서 팔리는 타이레놀 상자에도 남아 있습니다. 약국에서 파는 타이레놀과 편의점에서 파는 타이레놀에는 약간의 차이가 있는데, 약국 타이레놀에는 한 상자에 10정의 알약이 들어 있고 편의점 타이레놀에는 한 상자에 8정의 알약이 들어 있다는 점이지요. 약품 남용을 막으려고 편의점에서 파는 안전상비의약품은 하루에 최대로 먹을 수 있는 양만큼만 넣도록 규정하고 있기 때문입니다. 현재 우리나라에서는 하루에 4,000밀리그램의 아세트아미노펜이 권장 최대 복용량입니다. 타이레놀 한 정에 500밀리그램의 아세트아미노펜이 들어 있으니, 편의점 타이레놀에는 8정까지만 들어가는 거죠.

진통제는 쉽게 접할 수 있고 효과가 빠른 만큼 그 부작용을 간과하기도 쉽습니다. 한국의약품안전관리원에서는 매년 효능별 의약품 부작용 보고 사례를 분석하는데, 2015년 이후로 해열소염 진통제는 부작용 사례 1위에서 내려온 적이 없습니다. 아무리 친숙해도, 모든 약에는 부작용이 있는 법입니다. 병원이든,

약국이든, 편의점이든, 우리가 약을 먹을 때 꼭 생각해야 하는 말입니다.

마스크

내가 아니라 너를 지키기 위한 물건

최근 몇 년 사이 편의점에서 새롭게 많이 사게 된 물건을 꼽으라면 단연 마스크입니다. 코로나19 바이러스가 유행하면서 이제는 주기적으로 챙어야 하는 물건이 되었죠.

우리는 바이러스로부터, 미세 먼지로부터, 그 밖에 공기에 섞여 있을지 모르는 유해한 물질들로부터 몸을 지키려고 마스크를 씁니다. 겨우 천 한 장 정도의 두께로 건강을 지키다니 왠지 대견하면서도 신기합니다. 그런데 마스크가 내가 아니라 다른 사람의 생명을 지키려고 만들어진 물건이라는 이야기를 듣는다면 더 생소하게 느껴질 수도 있겠습니다. 마스크가 어떻게 다른 사람을 구하는 것일까요? 이를 알아보려면 19세기 말 유럽의 한 수술실로 떠나야 합니다.

의료용 마스크,
처음엔 환자를 보호하려고 만들어졌다

누가 처음 마스크를 썼을까요? 얼굴을 가리는 마스크는 여러 이유로 매우 오래전부터 쓰였습니다. 1세기의 사람인 로마의 플리니우스가 쓴《박물지》에도 유해한 물질을 연마하는 사람들이 동물 방광으로 얼굴을 가린다는 기록이 남아 있으니까요. 그러니 의료용 마스크에만 한정 지어 생각해 봅시다. 그러면 많은 사람이 중세 시대 유럽의 역병 의사들이 썼던 까마귀 부리 모양의 마스크를 떠올립니다. 대체로 틀린 생각입니다. 이 마스크에 대한 기록이 나오는 건 한참 후인 17세기에 이르러서거든요.

중세 유럽에 가장 큰 영향력을 남긴 전염병은 흑사병입니다. 중앙아시아에서 비롯한 페스트균이 14세기 유럽에 전파되어 약 7500만에서 최고 2억 명의 목숨을 앗아간 것으로 추측되죠. 일단 병에 걸리면 피부가 검게 변하고 썩어 버리기 때문에 '검은 죽음'이라는 뜻의 흑사병이란 이름을 얻었습니다. 이후로도 흑사병은 주기적으로 다시 유행하며 유럽 사람들을 공포에 떨게 했는데, 1619년 파리에서 흑사병이 유행할 때 프랑스 왕실의 수석 의사인 샤를 드 로름이 흑사병 환자를 돌보는 '역병 의사'의 마스크 복장을 처음으로 기록했습니다. 역병 의사는 온몸을 덮는 검은 가죽 복장에 얼굴에 부리 모양의 가죽 마스크를 쓰고 있습니다. 이 마스크의 부리에는 계피나 정향처럼 향이 나는 허브가 들어 있습니다. 당대에는 전염병이 물질이 썩으며 발생하는 '나쁜 공기(미아즈마)' 때문에 발생한다고 생각했습니다. 나쁜 공기를 정화하려고 허브를 넣어 둔 것이죠. 이 마스크는 지금과는 모양도 재질도 너무 다른 데다, 실제로 중세의 역병 의사가 이런 마스크를 썼다는 증거도 없어 후대의 창작이라 보는 의견이 우세합니다.

현대적인 의미의 의료용 마스크는 훨씬 나중인 19세기 말에야 등장합니다. 19세기가 되자 나쁜 공기가 병을 옮긴다는 가설은 힘을 잃었고, 파스퇴르와 코흐 등의 학자가 눈에 보이지 않는 작은 미생물이 병을 옮긴다는 이론을 발표하여 학계의 인정을 받기 시작했습니다. 이 이론은 수술실에서 작업하는 의사들에게도 영향을 미쳤습니다. 1867년, 영국의 외과 의사인 조지프 리스터는 파스퇴르의 논문을 읽고 미생물이 수술 후 감염의 원인일지도 모른다고 생각했습니다. 의사들의 씻지 않은 손에 묻어 있던 미생물이 수술 부위로 들어가 감염을 일으켰을 것이란 생각이었죠. 그래서 그는 페놀 용액으로 환자를 소독하기 시작했습니다.[+]

의사들이 미생물이라는 관점을 장착한 채 돌아보니, 수술실은 정말 위험한 공간이었습니다. 더러운 수술 도구, 의사들의 씻지 않은 손, 수없이 많은 환자의 피가 묻은 수술복은 물론이고 이전 환자가 바닥에 흘린 고름까지, 취약한 환자에게 병을 옮기기에 충분히 더러운 환경으로 인식되기 시작한 겁니다. 감염을 예방하려고 병원에서 쓰는 위생 도구들이 발명되기 시작한 것도 이때입니다. 예를 들어 수술용 장갑은 1889년 굿이어 고무회사에서 최초로 만들었지요.

수술실 감염의 용의선상에서 의사들이 내쉬는 숨도 예외는 아니었습니다. 의료용 마스크는 1897년 독일 브레슬라우(지금의 폴란드 브로츠와프)에서 처음 모습을 드러냅니다. 브레슬라우의 세균학자 카를 플뤼게는 입과 코에서 튀어 나가는 미세한 크기의 물방울인 '비말'을 통해 병균이 전염될 수 있다는 연구를 발표했고, 이 발견을 들은 브레슬라우대학교의 요한 미쿨리츠가 비말 전염을 막으려고 거즈로 마스크를 만들었습니다. 같은 해 프랑스 파리의 외과 의사인 폴 버거도 마스크를 쓰기 시작했지요. 이렇게 보면, 마스크는 환자의 생명을 구하려고 만들어진 물건인 셈입니다.

\+ 조지프 리스터가 최초로 소독을 시작한 사람은 아닙니다. 1847년, 헝가리 의사인 이그나즈 제멜바이스가 출산 후 사망하는 여성들의 수를 줄이려면 의사들이 손을 씻어야 한다고 주장한 바 있습니다.

의료용 마스크가 본격적으로 수술실 밖으로 나온 것은 그 후 약 10년이 지난 후의 일입니다. 1910~1912년, 중국 북부 만주에서 페스트가 돌기 시작했습니다. 중국인 우롄더는 페스트에 전염되는 일을 막으려고 의료 종사자들에게 마스크를 착용하라고 권장했습니다. 이 마스크는 6년 후인 1918년에 스페인독감이 전 세계를 휩쓸면서 일반인에게도 퍼졌습니다. 인플루엔자 A형 바이러스의 변형인 H1N1 바이러스가 약 5억 명을 감염시키고 약 1700만~5000만 명에 달하는 사망자를 낳으며 맹위를 떨치자, 일반인들도 스페인독감에 걸리지 않도록 마스크를 쓰기 시작했죠. 우리가 아는 방역용 마스크가 나타난 것입니다.

마스크가 중요한 이유는 바이러스의 전염을 막는 가장 저렴하면서도 훌륭한 방법이기 때문입니다. 우리는 다른 사람에게 옮길 수 있는 병을 '전염병'이라 부릅니다. 전염병은 다양한 방식으로 다른 사람들에게 전염되는데, 위에서 나온 페스트를 예로 들어 봅시다. 페스트는 페스트균에 감염된 벼룩이나 동물, 사체에 접촉하면 전염됩니다. 특히 폐페스트는 환자가 배출하는 비말을 통해서도 감염됩니다. 사람 사이의 주요 감염경로가 바로 비말감염이지요. 비말감염을 막으려면 공기 중을 떠도는 환자의 비말을 마시지 않도록 마스크를 쓰는 것이 좋습니다.

코로나19 바이러스 감염의 경우도 마찬가지입니다. 코로나19 바이러스는 환자가 기침이나 재채기를 할 때, 말을 할 때 입과 코로 튀어나와 공기 중을 떠다니다가 주변의 물건에 묻게 됩니다. 환자 가까이서 비말을 들이마시거나 문손잡이 등 물건에 묻어 있는 비말을 만진 후 눈·코·입 등을 만지면 바이러스가 몸속에 들어오면서 전염되지요. 이를 막기 위한 최선의 방법이 마스크입니다. 쓴 사람의 입과 코를 가리는 마스크는 크게 두 가지 기능을 하는데, 우선 타인의 비말을 마셔 전염되지 않도록 보호하는 방어구의 역할을 합니다. 다른 기능은 쓴 사람의 비말이 멀리 튀어 나가지 않도록 막는 것입니다. 마스크를 쓰고 있으면 내가 코로나19 바이러스에 걸렸다 할지라도 남들에게 전염시킬 가능성을 대폭 줄이는 것이죠.

이렇다 보니 마스크 착용은 코로나 시대, 전염병에서 나와 가족, 사회를 보호하는 기초 예절이 될 수밖에 없습니다. 2020년 초, 코로나 팬데믹이 시작된 지 얼마 되지 않았을 무렵 세계적으로 마스크 품귀 현상이 일어난 것도 이 때문입니다. 백신이 개발되기 전, 마스크가 없다면 코로나 전파 방지를 막을 수 있는 유일한 방법은 사회 활동을 멈춰 경제에 큰 타격을 주게 되는 '사회적 거리 두기'였거든요.

천으로 된 방한 마스크부터 보건용 마스크까지, 편의점에서는 다양한 종류의 마스크를 팝니다. 코로나를 예방하려면 앞에서 말한 마스크의 두 가지 기능인 '외부의 비말을 차단하는 역할'과 '내부의 비말이 방출되지 않도록 막는 역할'을 동시에 하는 마스크를 골라야 하죠. 현재 식품의약품안전처에서 의약외품으로 분류하는 마스크는 '수술용 마스크', '보건용 마스크', '비말 차단용 마스크'입니다. 코로나를 막기 위해서는 이런 마스크를 착용하는 것이 좋습니다. (주의! 간혹 보이는 구멍이 뻥뻥 뚫린 망사형 마스크는 당연히 전혀 효과가 없습니다.)

편의점 마스크에 적혀 있는 'KF80'이니 'KF94' 같은 기호를 본 적이 있을 텐데, 이것이 바로 보건용 마스크입니다. KF는 'Korea Filter'의 약자로 미세 입자를 얼마나 차단하는지 보여 주는 지표인데, 숫자가 높을수록 차단 효과가 좋습니다. KF80은 평균 크기 0.6마이크로미터의 미세 입자를 80퍼센트 이상 차단하고 KF94는 평균 크기 0.4마이크로미터의 입자를 94퍼센트 이상 차단하지요. 2020년 중순부터는 'KF-AD'라는 기호를 부착한 비말 차단용 마스크도 팔리기 시작했습니다. 보건용 마스크보다는 효과가 떨어지지만 직경 5마이크로미터 크기의 침방울은 차단할 수 있지요.

이런 보건용 마스크를 뜯어보면 겉감과 안감 사이에 정전기 필터가 들어 있습니다. 대다수 정전기 필터의 원료는 열에 쉽게 녹는 플라스틱인 폴리프로필렌(PP)입니다. 녹인 폴리프로필렌을 아주 작은 구멍을 통해 뿜어내면 순식간에 미세한 실처럼 굳는데, 이를 압착해 부직포를 만들죠. 부직포가 정전기를 띠도록 처리하면 미세 입자들이 정전기에 끌려 필터에 붙게 됩니다.

그런데 코로나바이러스의 크기는 마스크가 차단하는 입자보다 훨씬 작은 약 0.1마이크로미터인데, 어떻게 마스크가 코로나를 막을까요? 그것은 바이러스 입자가 훨씬 큰 비말에 들어 있기 때문입니다. 비말의 크기가 작으면 멀리까지 퍼질 수 있겠지만, 그만큼 바이러스 입자가 적게 들어 있어 감염력도 약해지게 됩니다. 지금 쓰는 마스크의 비말 차단 효과로도 코로나19를 예방하는 데는 큰 문제가 없다는 뜻입니다.

마스크가 드러낸 새로운 문제들

《뉴욕타임스》에서 "수술용 마스크는 우리 시대의 상징이 되었다"라고 표현할 정도로, 이제 마스크는 일상적인 물건이 되었습

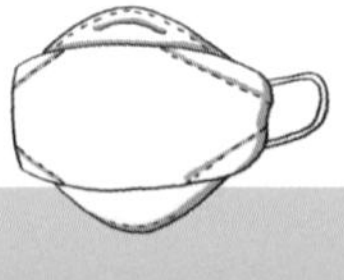

코로나씨, 우린 이제 한 몸이야!
비말씨, 영원히 함께해요!
저기 아주 작은 통로가 있어… 코로나씨 혼자라도 괜찮겠어?
EXIT
무슨 소리에요! 난 비말씨 없이는 못 살아!

니다. 금방 끝날 줄 알았던 코로나 대유행이 오래 지속되면서 슬슬 마스크를 벗은 사람들이 보이기 시작하지만, 아직도 건강을 위해서라면 마스크를 더 쓰고 다녀야겠지요. 마스크가 생활필수품이 되면서, 이전에는 주목받지 못한 문제들이 드러났습니다.

예를 들어, 의학계에서는 여성이 마스크를 썼을 때는 남성보다 마스크의 비말 차단 효과가 떨어진다는 연구가 나왔습니다. 기존의 마스크가 백인 남성의 얼굴 크기와 형태를 기준으로 만들어졌기 때문입니다. 그러다 보니 얼굴이 작은 여성이나 아시아인의 경우 마스크와 얼굴 사이에 빈틈이 생겨 제대로 보호받지 못하는 거죠. 비단 마스크뿐만 아니라 장갑과 방호복 등 병원에서 쓰이는 위생 도구 전반에서 이런 문제가 나타났습니다. 하루 종일 환자와 함께 생활해야 하는 병원 노동자들에게는 조금 불편한 일이 아닌 생사를 가를 수도 있는 중요한 문제인 겁니다.

마스크는 성별은 물론이고 인종차별 문제도 보여줬습니다. 가령, 미국에서는 마스크를 착용한 아프리카계 미국인들이 경찰로부터 위협을 당한 사건이 발생하기도 했습니다. 코로나를 예방하려고 마스크를 썼는데, 경찰이 강도라 생각하고는 쇼핑몰에서 쫓아낸 겁니다. 아프리카계 미국인들은 경찰에게 잠재적 범죄자로 몰려 폭행이나 살해를 당하는 경우가 잦습니다. 인종에 대한 편견이 코로나 시대에도 여전히 작동하면서 흑인들이 마스크를 쓸 권리를 제대로 누리지 못하도록 만든 것이죠.

이런 문제들은 마스크가 코로나로부터 모든 사람을 평등하게 지켜 주지 않는다는 사실을 보여 줍니다. 마스크는 모두에게 공평하게 주어지지도 않고, 모두에게 같은 효과를 보이지도 않습니다. 쓰기를 거부하는 사람이 있지만 쓰고 싶어도 쓰지 못하는 사람도 있지요. 얇은 마스크 한 장에 우리 사회가 처한 다양한 문제가 녹아 있는 것입니다.

콘돔

고무 한 겹으로 세상을 구하다

편의점에는 마스크 말고도 얇은 막 한 겹으로 건강을 지켜 주는 물건이 있습니다. 왠지 비밀스럽게 팔리는 물건, 유독 손님들이 목소리를 낮춰 물어보는 물건, 콘돔입니다.

콘돔은 저렴한 가격에 편리하게 안전한 성생활을 가능하게 해 주는 물건으로, 제대로 쓴다면 원치 않은 임신은 물론이고 성병까지 예방할 수 있습니다. 하지만 그 위대함에 비해 유독 많은 오해를 받기도 했지요. 한때 역사 속으로 잊혀 갔지만, 지금은 빌 게이츠가 세상을 구하려면 새로운 콘돔을 개발해야 한다고 주장할 정도로 중요성을 인정받는 굴곡진 세월을 보내기도 했고요.

이렇게 얇은 한 겹의 고무가 어떻게 세상을 구한다는 걸까요?

진짜로 0.03밀리미터 두께의 고무가 내 몸을 지키는 방어막이 되어 줄까

콘돔을 봤다면, 한 번 정도는 이 작고 허약해 보이는 물건이 정말 우리 몸 첨단을 지켜줄 수 있을까 의문을 가진 적이 있을 겁니다. 콘돔의 기본 구조는 입구에 링이 달려 있는 돌돌 말린 고무주머니입니다. 겉에는 윤활제가 묻어 있어 손으로 잡으면 미끈미끈합니다. 이 고무주머니의 궁극적 역할은 섹스할 때 남자의 성기에 씌워 원치 않는 임신이나 성병 전염을 막는 것입니다. 주머니만 씌우면 피임도 하고 성병도 예방할 수 있다고요? 그 원리를 알려면 어떻게 임신이 일어나는지를 알아야 합니다.

임신은 아빠의 유전자를 가진 정자와 엄마의 유전자를 가진 난자가 만나 수정란을 만들고, 이 수정란이 여성의 자궁 내벽에 붙어 자리를 잡으면서(이를 '착상'이라 합니다) 시작됩니다. 별다른 문제가 없다면, 수정란은 자궁 내벽에서 영양분을 공급받으며 약 9개월 동안 자란 후 태어나게 됩니다. 따라서 남성의 몸에서 여성의 몸으로 정자가 전달되지 않도록 막으면, 그래서 애초에 정자와 난자를 만나지 못하게 한다면 임신을 막을 수 있겠죠. 이것이 바로 콘돔의 원리입니다. 정자가 자궁으로 들어가지 않도록 남자의 성기와 여성의 질 사이에 고무 차단막을 설치하여 피임

하는 것이죠.+

고무 차단막으로 막을 수 있는 것은 정자뿐만이 아닙니다. 섹스할 때는 정액은 물론이고 질 분비물이나 침, 피, 땀 등 수많은 종류의 체액이 섞일 수 있습니다. 이런 체액이 섞이며 성병이 전염될 수도 있는데, 콘돔은 성기를 통해 체액이 섞이는 걸 막아 주니 성병 전염 가능성도 크게 낮추죠. 콘돔은 이론적으로 98퍼센트의 피임률을 보여 줍니다. (실제로는 사용자의 부주의 등으로 인해 85퍼센트 정도의 효과를 보여 줍니다.) 머리카락과 비슷한 평균 두께 0.03~0.07밀리미터의 고무 막이 이 위대한 일을 해냅니다!

간단해 보이지만 꼼꼼하고 치밀하게 만들어야 하는 물건!

이 위대한 일을 제대로 해내려면 콘돔은 매우 정밀하게 만들어져야 합니다. 간단해 보이지만 실은 생각할 거리가 한두 가지가

+ 임신 과정에 어떤 방식으로 개입하는지에 따라 여러 피임법을 사용할 수 있습니다. 예를 들어, 여성의 자궁 안에 '자궁 내 장치'를 넣어 수정란의 착상을 방해하거나 피임약을 복용할 수 있습니다. 남성의 경우, 정자가 나오는 정관을 차단하는 수술로 정자가 나오지 않도록 할 수도 있습니다.

아니라서 세계보건기구(WHO)와 국제표준화기구(ISO)에서 두꺼운 가이드와 기준을 만들어 발표할 정도지요.

우선 콘돔의 재질을 정해야 합니다. 착용감이 좋고 잘 찢어지지 않으며 정자(최대 지름 3,000나노미터)는 물론이고 세균(임균+, 지름 800나노미터)이나 바이러스(HIV 바이러스++, 지름 125나노미터) 등의 성병 매개체를 막을 수 있을 정도로 촘촘해야 하지요. 콘돔 대부분은 라텍스 고무나 폴리우레탄 등의 소재로 만들어집니다. 고무에 여러 첨가물을 섞어 재료 구조를 촘촘하게 만들지요.

콘돔의 크기는 재질만큼이나 중요합니다. 적합한 크기의 콘돔을 사용하는 것이 성관계의 만족도는 물론이고 피임의 성공에 직접적인 영향을 미치거든요. 콘돔은 국제 규격에 따라 생산되는데, 보통 길이는 최소 16센티미터, 폭은 5.3센티미터 정도입니다. 본인의 성기보다 너무 작은 콘돔을 사용하면 섹스 도중 콘돔이 찢어질 우려가 있고, 너무 큰 콘돔을 사용하면 벗겨질 우려가 있습니다. 이상하게 들리겠지만, 2006년 인도의학연구협의회(ICMR)에서 인도 남성을 대상으로 성기 크기를 조사한 것도 이 때문입니다. 인도는 세계에서 인구와 출산율이 가장 높은

+ 대표적인 성병인 임질을 일으키는 세균.

++ 에이즈(AIDS)라고 불리는 후천면역결핍증을 일으키는 바이러스.

나라일 뿐만 아니라, HIV 감염률도 높습니다. 이런 이유로 콘돔 사용이 적극 권장되지요. 그런데 당시 인도에서는 콘돔 사용 실패율이 거의 20퍼센트에 달했습니다. 의학 전문가들은 이 높은 실패의 이유를 팔리는 콘돔과 인도 남성의 성기 크기가 맞지 않기 때문이라 추측했고, 그래서 실제 성기 크기를 조사하는 2년간의 연구를 시작한 거죠.

1,200명의 자원봉사자가 수많은 사람의 성기 크기를 측정한 결과, 인도 남성의 60퍼센트가 콘돔의 국제 표준 크기보다 3~5센티미터 작은 성기를 가지고 있다는 결론이 나왔고, 이에 맞춘 크기의 콘돔을 생산할 필요성이 널리 알려지게 되었죠. (물론 반대의 일도 일어날 수 있습니다. 2018년에는 아프리카 짐바브웨의 보건부 장관이 중국에서 수입되는 콘돔이 너무 작다는 의견을 내기도 했습니다.)

콘돔 공장에서는 성기 모양의 유리봉을 고무 액에 담근 후 말려서 콘돔을 만듭니다. 15분 정도만 말리면 콘돔이 만들어집니다. 고무 액의 점도를 낮추면 더 얇은 초박형의 콘돔도 만들 수 있지요. 이 고무 주머니가 콘돔으로 팔리려면 무척 까다로운 기준을 통과해야 합니다. 공기 18리터, 물 20리터를 넣어도 터지지 않을 정도로 튼튼해야 하지요. 하지만 만드는 것보다 더 중요한 과정은 불량품 조사입니다. 구멍 뚫린 콘돔은 정자도, 성병도 막을 수 없기 때문이죠. 공장에서는 콘돔을 금속봉에 끼

콘돔
안전성
검사
공기 18리터.
통과.
물 20리터.
통과.
부도체 검사
통과.
이 정도면
충분히
튼튼하지요?
합격!
으악!

우고 약한 전류가 흐르는 전도액을 지나게 만들어 전류가 흐르는지 살펴봅니다. 라텍스 고무는 전기가 흐르지 않는 부도체인데, 구멍이 나 있다면 금속봉과 전도액 사이로 전류가 흐를 테니까요.

이런 노력의 결과 고무풍선과는 비교도 안 되는 튼튼하고 안전한 제품이 탄생합니다. 얼마나 튼튼하냐고요? 최근 SNS에 올라온 콘돔 테스트 영상을 보면 알 수 있습니다. 콘돔 회사인 듀렉스의 콘돔에 오이를 넣고 칼로 잘랐는데, 내용물인 오이만 잘리고 콘돔은 멀쩡했지요.

누가 처음 썼을까

전설에 따르면, 콘돔이라는 이름은 17세기 영국의 왕 찰스 2세의 주치의였던 콘돔 박사가 만들었다고 전해집니다. 지독한 바람둥이였던 찰스 2세의 사생아가 더 늘어나지 않도록 막기 위한 궁여지책이었다는 것이지요. 하지만 이 전설은 사실이 아닐 가능성이 큰데, 어떤 역사학자도 당시 왕궁에 그런 이름을 가진 사람이 있었다는 증거를 찾아내지 못했기 때문입니다. 심지어 콘돔의 원리는 그 이전부터 오랫동안 사용되고 있었습니다.

앞에서 감자칩과 커피, 진통제 등의 예를 읽었다면 느끼겠지만, 어떤 물건을 누가 처음 만들고 썼는지 확인하는 작업은 절대 쉬운 일이 아닙니다. 특히 콘돔처럼 누구든 상상할 수 있는 간단한 원리의 물건이라면 더더욱요. 고대 이집트인과 그리스인들이 콘돔을 썼는지, 그리고 어떤 용도로 썼는지는 역사학자들이 때때로 논쟁하는 주제 가운데 하나입니다. 중세 일본이나 중국에서도 콘돔과 비슷한 유물이 발견되었습니다. 그러니 이런 상황에서는 첫 발명자를 찾는 데 헛된 힘을 쏟기보다는 현재 널리 쓰이는 콘돔에 대해 누가 명확한 기록을 남겨 놓았는지 찾는 게 나을지도 모릅니다.

처음 확실한 기록을 남긴 사람은 16세기 이탈리아의 의사인 가브리엘레 팔로피오입니다. 그가 콘돔을 언급한 이유는 당시 유럽 전역에서 유행하던 '매독'이라는 성병을 예방하기 위해서였습니다. 매독은 심각한 증상에 치사율도 높은 데다, 매우 강한 전염력으로 유럽에 맹위를 떨치고 있었습니다. (그래서 유럽 사람들은 이 병에 자신들이 싫어하는 나라의 이름을 붙였습니다. 이탈리아에서는 '프랑스병', 프랑스에서는 '나폴리병', 네덜란드에서는 '스페인병'이라 불렀지요.) 가브리엘레 팔로피오는 1564년 출판된 논문에서 화학물질에 적셔서 말린 리넨 천으로 만든 주머니를 성기에 묶고 성관계를 하면 매독을 예방할 수 있을 거라 발표했습니다. 심지어 1,100명의 남

성에게 실험해 본 결과 아무도 매독에 걸리지 않았다고 주장했지요.+

초기의 콘돔은 리넨 천은 물론이고 동물의 내장이나 피부로 만들었습니다. 지금과 같은 고무 콘돔이 대량으로 만들어진 것은 19세기 중반인 1860년이 되어서입니다. 그전의 고무는 딱딱하고 잘 부서졌는데, 고무를 만들 때 유황을 넣으면 탄성이 커지고 훨씬 강해진다는 사실이 발견된 것입니다. 가황고무가 탄생하기 전까지는 고무 콘돔도 생각할 수 없었던 거지요. 이후로 콘돔은 훌륭한 피임법이자 성병 예방 수단으로 널리 쓰입니다. 1930년대가 되자 앞에서 얘기한 유리봉을 고무 액에 담그는 방법이 발명되면서 콘돔의 대량생산이 가능해졌고, 1931년에는 미국에서 하루에만 140만 개를 생산할 정도로 콘돔 시장이 성장했지요.

+ 물론 매독은 입에 난 상처를 통해 구강으로도 전염될 수 있으니, 콘돔이 완벽한 예방법은 아닙니다.

물론 부침이 없었던 것은 아닙니다. 1960년대 들어 경구피임약이 발명되면서 콘돔 판매량은 급격하게 떨어집니다. 여성의 복용으로 피임을 가능하게 만든 경구피임약은 성행위 때 번거롭게 착용할 필요가 없고, 성행위의 만족도에도 영향을 주지 않기 때문에 큰 인기를 끌었지요. 잊혀 가던 콘돔은 1980년대에 후천면역결핍증(AIDS)이 퍼지면서 돌아왔습니다. 미국의 남성 동성애자 환자에게서 처음 보고된 후천면역결핍증은 당대에는 치료할 수단이 없었습니다. 예전에는 동성애자 사이에서의 성관계에서는 임신의 우려가 없으므로 콘돔이 쓰이지 않았지만, 이제는 후천면역결핍증을 막으려고 동성애자는 물론이고 이성애자 사이에서도 콘돔이 널리 쓰이기 시작한 것입니다.

우리는 혁신적인 기술이 세상을 더 나은 곳으로 바꿔 주리라 기대하곤 합니다. 하지만 콘돔은 낡고 오래된 기술이 해결책일 수도 있다는 점을 잘 보여 줍니다. 콘돔처럼 저렴하고 편하게 효과적으로 임신과 성병을 차단할 방법은 없기 때문이지요. 마이크로소프트의 창립자인 빌 게이츠가 운영하는 '빌앤드멀린다게이츠 재단'에서 한때 착용감이 좋은 차세대형 콘돔 개발에 자금을 지원한 이유도 마찬가지입니다. 얇고 편해서 콘돔을 꺼려 하지 않는다면, 에이즈를 비롯한 성병 전염률을 낮출 수 있을 테니까요.

하지만 그 노력에도 불구하고 콘돔 사용률은 세계적으로 그리 높지 않습니다. 후천면역결핍증은 남부 아프리카와 인도 등 전 세계로 퍼져 가고 있지만, 아직 이를 치료할 수 있는 저렴한 신약의 개발과 보급이 늦습니다. 에이즈의 확산을 막을 가장 중요한 방법은 콘돔이지만, 유엔 에이즈 계획에 의하면 2010년대 이후 콘돔 사용률은 오히려 떨어지고 있지요. 콘돔이라는 기술이 진정한 힘을 발휘하기 위해서는 사용자의 협조도 중요한 겁니다.

그래서, 이거 어떻게 쓰나요?

콘돔 사용률 저하는 비단 해외의 문제는 아닙니다. 최근 우리나라에서도 갈수록 콘돔 사용률이 줄어들고 있다는 조사가 나왔죠. 특히 우리나라에서 성관계 경험이 있는 청소년 중 피임 실천율은 절반도 안 된다고 합니다. 하지만 콘돔은 원치 않는 임신과 예기치 못한 성병의 전염을 막아 줄 수 있는 훌륭한 발명품입니다. 그러니 우리 쉬쉬하지 말고, 콘돔을 쓰거나 쓰자고 상대방에게 요구합시다. 그럼 이제 콘돔을 어떻게 사용하면 좋을지 한번 알아봐요.

여러분에게 콘돔 착용 순간이 다가왔다고 가정해 봅시다. 우선 콘돔의 유통기한을 확인한 후, 포장을 뜯어 콘돔을 꺼냅니다. 이때 콘돔이 찢어지지 않도록 조심해야 합니다. 너무 강한 힘으로 포장을 뜯거나, 콘돔을 다루면서 이나 손톱에 잘못 걸리면 콘돔이 찢어질 수 있으니까요.

콘돔을 꺼내 관찰해 봅시다. 길쭉한 고무주머니가 둘둘 말려 있는 모습인데, 한쪽이 살짝 튀어나와 있을 거예요. 이 볼록한 부분이 정액받이 부분으로 나중에 사정하면 정액이 모이는 곳입니다. 볼록한 부분이 바깥을 향하게 하여 성기에 콘돔을 씌워야 합니다. 반대로 씌우면 콘돔이 잘 씌워지지 않거나 찢어질 수 있는데, 불이 꺼졌거나 급해서 당황하면 자주 일어나는 실수입니다. 자, 차분하게!

이제 볼록한 정액받이 부분을 잡고 발기한 성기에 씌웁니다. 양말을 씌우듯 콘돔 주머니를 죽죽 펼쳐주면 됩니다. 이때 정액받이를 살짝 비튼 채로 성기에 끼우는 게 중요한데, 그렇지 않으면 정액받이에 들어 있는 소량의 공기 때문에 압력을 받아, 섹스 도중에 콘돔이 터질 수도 있거든요(!).

물론 끝난 다음 뒤처리도 중요합니다. 사정 후 성기가 줄어들어 콘돔이 헐렁해지면 정액이 샐 수도 있거든요. 조심히 콘돔을 빼고 정액이 흐르지 않게 한 번 묶은 후, 휴지에 싸서 쓰레기통에 버립시다. 막힐 수 있으니 변기에는 버리지 말고요!

건
전
지

건전지에 세상 가장 쓴 물질을 바른 이유는?

편의점이 24시간 쉬지 않고 돌아가게 하는 원동력은 무엇일까요? 저라면 전기를 꼽겠습니다. 전기는 냉장고를 가동해 각종 신선식품을 보존하고, 편의점의 밤과 새벽을 밝히는 힘이죠.

별별 물건을 다 파는 편의점에서는 심지어 전기도 팝니다. 바로 가지고 다닐 수 있는 전기인 '건전지'입니다. 전지는 전기에너지를 만드는 장치로, 현재는 콘센트를 사용할 수 없는 모든 곳에서 전기를 공급하는 물건입니다. 이 책을 읽고 있는 사람들이라면 한 번은 편의점 한편에 걸려 있는 평범한 원통형 AA 건전지를 써 봤을 겁니다. AA 건전지는 한 해 세계 생산량이 40억 개로 추정될 정도로 어마어마하게 쓰입니다. 그 외에도 동전형, 버튼형 등 필요로 하는 크기와 전압에 따라 수많은 종류의 건전지가 편의점에서 팔리지요.

하지만 건전지의 맛을 본 사람은 거의 없을 것이라 자신할 수 있습니다. 여러분, 혹시 세상에서 가장 쓴맛 나는 전지 얘기 들어 본 적 있나요?

한때 건전지의 한쪽 끝에 혀를 대면 짜릿한 전기 맛이 난다는 루머가 있었습니다. 결론만 말하자면 착각일 확률이 높습니다. AA 건전지는 튀어나온 양극과 반대편의 음극이 연결되어야 전기가 흐르는데, 한쪽에 혀를 댄다고 해서 전류가 흐르지는 않기 때문입니다. 건전지의 금속 촉감을 전기의 맛으로 착각했을 가능성이 큰 것이죠.+

실제로 몇몇 전지에서 나는 맛은 쓴맛, 그것도 엄청나게 쓴 맛입니다. 2021년부터 건전지 회사인 듀라셀에서 은색 동전형 리튬 건전지에 쓴맛이 나는 물질인 '데나토늄 벤조에이트(Denatonium benzoate)'를 코팅해 판매하기 시작했거든요. '비트렉스'라는 상표명으로 알려진 이 물질은 1958년 영국의 한 제약 회사에서 국소마취제를 개발하던 중 우연히 발견되었습니다. 한 직원이 무색무취의 데나토늄 벤조에이트 가루에서 무시무시한 쓴맛이 난다는 사실을 알게 된 것이죠. 그냥 쓴맛 정도가 아닙니다. 데나토늄 벤조에이트는 인간의 쓴맛 수용체 25개 가운데 8

+ 그렇다고 양극과 음극이 한쪽에 모여 있는 건전지에 혀를 대 볼 생각은 위험하니까 하지 않는 것이 좋습니다.

개와 결합하는데, 현재 발견된 가장 쓴 화학물질로 기네스북에 공식 등재되었을 정도로 강력합니다. 올림픽 정식 규격의 수영장에 한 스푼만 풀어 놓아도 쓴맛을 느낄 수 있고, 10피피엠(ppm, mg/kg) 정도의 농도에서는 어른도 쓴맛을 버티지 못할 정도지요. 단맛도 아니고 이렇게 쓴 물질을 어디에 쓸까 싶지만 데나토늄 벤조에이트는 사람이 착각하고 먹을 수 있는 수많은 곳에 들어갑니다. 독성이 있는 변성 알코올과 부동액은 물론이고 액체비누나 샴푸 같은 곳에 말이죠. 심지어 '손톱 물어뜯기 방지제'로도 쓰입니다. 손톱에 발라 주면 무심코 손톱을 물어뜯었다 세상 제일가는 쓴맛을 보게 되는 거죠.

그렇다면 이제 쓴맛 건전지가 만들어진 이유도 추측하실 수 있을 겁니다. 동전형 리튬 건전지의 지름은 2센티미터 정도인데, 6세 이하의 어린이가 삼키기 쉬운 크기입니다. 삼킨 건전지가 식도에 걸리거나 내벽에 구멍을 뚫는 등 심각한 합병증을 일으킬 수도 있지요. 최근 10년 동안 국내에서만 연평균 60건의 건전지 삼킴 사고가 발생하기도 했고요. 이런 사고를 막으려고 건전지를 입에 넣은 어린이들이 바로 뱉어 낼 수 있도록 건전지에 데나토늄 벤조에이트를 코팅한 것입니다. 최근에는 일본의 게임 회사인 닌텐도에서도 삼킴 사고를 방지하려고 스위치 게임기에 들어가는 카트리지에 데나토늄 벤조에이트를 코팅하기

가장 먹기 싫은
건전지
맛 올림픽
데나토늄 벤조에이트
1 강력한 쓴맛
2 브로콜리 맛
3 김치 맛
정말로 쓰더라니까?
다시는 안 먹을거야.

도 했습니다. 아이러니한 점은 발매 당시 수많은 사람이 유튜브로 카트리지 혀로 핥기 챌린지를 중계했다는 사실입니다. 먹지 말라고 발라 놓은 물질인데 굳이 조회수 높은 영상을 찍으려고 맛을 보다니, 도대체 유튜브가 사회에 가지고 오는 이점이 무엇입니까? 여러분도 혹여나 일부러 전지의 쓴맛을 볼 생각은 하지 마세요. (저도 이 책을 쓰면서 편의점의 웬만한 물건은 직접 사서 써 보고 먹어 보았지만, 건전지를 핥지는 않았습니다.)

원래 전지는 축축했다(들고 다닐 수 없을 만큼)

전지는 전기에너지를 발생시키는 장치입니다. 태양전지나 우주탐사선에 쓰이는 원자력전지 등 그 종류는 전기를 만드는 원리에 따라 매우 다양하지만, 우리가 편의점에서 사는 건전지는 화학반응으로 전기를 만드는 '화학전지'입니다. 전지라는 단어의 한자를 풀어 보면 '전기(電)를 담은 연못(池)'이라는 뜻입니다. 연못이라는 의미를 담은 한자가 왜 사용되었는지 정확히 추측하긴 힘들지만, 우연인지 아닌지 처음 만들어진 전지는 축축한 액체를 필요로 했습니다. 작고 편리한 지금의 모습과는 완전히 달랐죠. 그 시작은 약 250년 전인 1780년의 유럽으로 거슬러 올라갑니다.

당시 이탈리아의 생물학자였던 루이지 갈바니는 개구리의 뒷다리를 해부하다 놀라운 현상을 목격합니다. 조수가 금속 메스로 피부를 벗긴 개구리의 다리 신경을 찌르자 다리가 움찔하면서 움직인 것이죠. 죽은 개구리가 살아 움직이다니! 어쩌다 이런 일이 일어났을까요?

갈바니는 실험을 여러 번 되풀이해 보고, 동물의 몸속에 있는 전기가 근육을 움직이게 만든다는 결론을 내렸습니다. 현재 우리는 살아 있는 신경을 통해 근육으로 전달되는 전기신호가 몸을 움직인다는 사실을 알고 있습니다. 갈바니도 크게 빗나간 생각을 한 건 아니었지만, 문제는 전기의 위치였죠. 갈바니의 동료 학자인 파비아대학교의 물리학 교수 알레산드로 볼타는 전기가 개구리의 몸속에서 온 것이 아니라고 주장했습니다. 그는 개구리의 다리가 움찔할 때 갈바니가 개구리의 몸에 아연과 구리 막대를 대고 있었던 것을 기억하고는, 전기는 서로 다른 두 종류의 금속 사이에서 만들어져 흘렀을 것이라고 주장했죠.

볼타는 자신의 주장을 증명하려고 아연(Zn) 금속판과 구리(Cu) 금속판 사이에 묽은 황산에 적신 종이를 끼워 놓은 기구를 만들었습니다. 이렇게 하면 아연은 황산에 녹으면서 전자 두 개($2e^-$)와 아연 이온(Zn^{2+})으로 분리됩니다. 그런데 구리는 아연보다 상대적으로 황산에 녹아 양이온이 되려는 성질인 '이온화 경향'이 약합니다+. 결과적으로 아연이 구리보다 더 많이 녹으면서 전자를 많이 내놓게 되는데, 이 전자는 아연판에 쌓여 넘치다 못해 전선을 따라 구리판으로 흘러가면서 전류를 만들게 되지요. 복잡하게 들릴 수 있지만, 기본 원리는 학교에서 실험하는 과일 전지 실험과 거의 같습니다. 과일 전지 실험에서도 아연과 구리를 레몬 같은 과일에 꽂는데, 과일에 든 산이 볼타가 만든 장치의 묽은 황산 역할을 하는 셈이지요.

볼타는, 아연과 구리 사이에 묽은 황산에 젖은 종이를 끼운 이 햄버거처럼 생긴 더미를 20층으로 쌓았습니다. 한 층으로는 만들어지는 전류가 매우 약했거든요. 이렇게 완성된 축축하고 괴상한 탑이 바로 세계 최초의 화학전지인 '볼타 전지'입니다.++ 볼타는 이렇게 만든 전지에 진짜 전기가 흐르는지 알아보려고 자신의 몸으로 생체 실험을 했습니다. 한 손은 볼타 전지의 바닥

+ 금속 원소가 전자를 방출하고 양이온이 되려고 하는 성질을 '이온화 경향'이라 부르는데, 상대적으로 이온화 경향이 크게 차이 나는 금속을 연결할수록 더욱 강한 전압의 전지를 만들 수 있습니다.

++ 물론 볼타 전지 안에서는 훨씬 복잡한 화학반응이 일어납니다. 아연판에서 흘러넘쳐 구리판으로 들어온 전자는 황산 용액 속에 녹아 있는 수소 이온(H^+)과 합쳐져 수소를 만듭니다. 이런 일이 일어나는 이유는 아연과 구리, 수소라는 세 가지 물질의 이온화 경향이 각기 다르기 때문입니다.

이 들어 있는 물 대야를, 한 손은 볼타 전지의 위를 짚었지요. 당연하게도 그는 "손가락 전체에 상당한 통증을 유발하는 충격"을 받았다는 실험 기록을 남겼습니다. 사실상 전기를 탐지할 수 있는 대상이 자신밖에 없었으니, 그 후로도 볼타는 꾸준히 생체 실험을 해야 했습니다. (18세기 화학 실험실의 안전 규칙은 이 정도 수준이었습니다.) 이런 희생정신 덕에, 볼타의 실험과 발명품은 전 유럽에 알려지며 전기화학이라는 새로운 학문 세계를 열어젖혔습니다. 볼타의 이름은 전압을 측정하는 국제단위인 '볼트(V)'로 영원히 남게 되었고요.

추측할 수 있다시피 볼타 전지는 결코 휴대용이 아니었습니다. 예를 들어, 미국 국립역사박물관에 전시된 볼타 전지는 높이만 54센티미터에 달합니다. 더군다나 각 금속판 사이에 황산에 젖은 종이가 끼워져 축축했지요. 편의점에서 파는 전지는 '건전지'라 부르는데, 전지라는 단어 앞에 '마르다'는 뜻의 한자 '건(乾)'을 붙여 탄생한 이름입니다. 건전지는 전해액을 액체(묽은 황산)가 아닌 젤 형태로 만들거나 고체에 스며들게 해 흐를 염려가 없도록 만든 전지이죠. 최초의 건전지는 볼타 전지의 발명으로부터 100년이 넘게 지난 1888년이 되어서야 만들어집니다. 독일의 과학자 카를 가스너가 전해액에 석고 가루를 섞어 풀처럼 끈적하게 만들어, 새거나 흐를 염려를 없앤 겁니다.

오랜 시간이 지나 쓰이는 금속과 전해액의 종류는 달라졌지만, 현재 쓰이는 건전지도 기본 원리는 볼타 전지와 비슷합니다. 가장 널리 쓰이는 알칼리망간 건전지는 보통 음극에 아연이, 양극에 망간(Mn)이 들어갑니다. 음극에서는 아연이 이온으로 녹아 나오면서 전자가 생기고, 이 전자가 양극으로 흐르면서 전류를 만듭니다. 양극에서는 산소와 망간의 화합물인 이산화망간이 전자를 얻으면서 수산화망간이 만들어지지요.

알칼리망간 전지는 한 번 쓰고 나면 더는 쓸 수 없는데, 이런 전지를 '1차 전지'라 부릅니다. 그런데 건전지 중에는 쓰고 나서 다시 충전해서 쓸 수 있는 종류가 있습니다. 이런 전지를 '2차 전지'라 부르지요. '충전'은 건전지가 전기에너지를 내놓는 '방전'과 반대로, 바깥에서 전기에너지를 넣어 주어 전지 내부의 화학반응을 방전이 일어나기 전으로 돌리는 작업입니다. 이 화학적 역반응은 모든 건전지에서 일어나지는 않습니다. 만약 섣불리 알칼리망간 건전지를 충전하려고 시도하면, 음극과 양극에서 수소와 산소 기체가 만들어지면서 부풀어 터질 수도 있습니다. 그러니 사고를 막으려면 충전은 2차 전지에서만 해야 합니다.

2차 전지에는 자동차에 쓰이는 납 축전지, 한때 널리 쓰였으나 최근에는 독성 때문에 잘 쓰이지 않는 니켈카드뮴 전지 등이 있습니다. 이 중에서도 가장 널리 쓰이는 2차 전지는 리튬 이온 전지입니다. 리튬 이온 전지는 방전 과정에서 금속 리튬(Li)의 이온이 양극에서 음극으로 이동하는 전지입니다. 리튬 이온이 양극과 음극을 왔다 갔다 하며 방전과 충전을 가능하게 만들죠.

왜 리튬 이온 전지가 널리 쓰일까요? 리튬은 '알칼리 금속'에 속하는데, 알칼리 금속은 전자를 버리고 양이온이 되려는 경향이 강합니다. 앞에서 말한 이온화 경향이 가장 강한 금속이지요. 그래서 리튬으로 전지를 만들면 약 1.3~2볼트의 전압을 내는 보통 전지보다 강한 3볼트 이상의 전지를 만들 수 있습니다. 또한 리튬은 수소와 헬륨에 이어 가장 가벼운 물질입니다. 그래서 작고 가볍지만 강한 에너지를 내는 배터리를 만들 수 있지요.

재미있는 것은 처음 리튬 이온 전지가 상용화되기 시작한 1980년대 후반에는 거의 팔리지 않았다는 사실입니다. 전지를 사용하는 제품들의 전압과 회로도를 리튬 이온 전지에 맞추어 바꿔야 했고, 전지의 안전성 검증도 필요했기 때문이죠. (실제로 초기의 리튬 이온 전지는 여러 차례 폭발 사고를 일으키기도 했습니다.) 이후 휴대용 전자 기기가 보편화되며 리튬 이온 전지의 전성시대가 찾아왔습니다. 리튬 이온 전지는 다른 배터리에 비해 가볍고, 높은 에너지 밀도를 가지고 있어 휴대용 전자 기기에 알맞았거든요. 현재 리튬 이온 전지는 무선 청소기와 스마트폰 같은 소형 가전은 물론이고 전동공구에 이르기까지 두루두루 쓰이고 있습니다. 세상의 모습을 바꾼 덕분에 리튬 이온 전지를 개발하는 데 크게 이바지한 세 명의 연구자에게는 2019년 노벨 화학상이 수여되기도 했습니다.

리튬 이온 전지의 소비는 앞으로도 계속 늘 전망입니다. 그 때문에 그렇게 매장량이 풍부하지 않은 리튬을 찾으려고 세계 여러 나라가 새로운 광산을 찾고 있습니다. 전지 하나가 세상의 모습을 바꾸고 있는 셈이지요.

USB

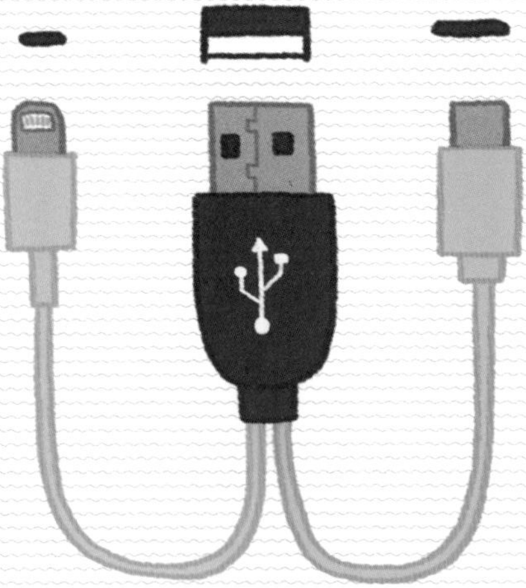

데이터도 옮기고 전기도 옮기는 마법의 구멍

여러분, USB가 뭔가요? 많은 사람이 이렇게 대답합니다.

"그…… 조그만 거 있잖아요. 컴퓨터에 꽂아서 문서랑 영상 파일 같은 거 저장할 수 있고……."

그러면 다시 물어봅니다. 그런데 스마트폰을 충전할 때도 USB에 꽂는다고 하지 않나요? 여름에 손으로 들고 다니는 미니 선풍기도 전원을 켜려면 USB로 연결하라고 되어 있잖아요. 그럼 이때 말하는 USB는 뭐란 말인가요?

정확히 말해 USB는 케이블부터 충전기, 미니 선풍기까지, 편의점에서 팔리는 다양한 기계를 연결하는 기술 규격의 이름입니다. 데이터도 옮기고 전기도 옮기는 이 네모난 구멍은 지난 20년간 컴퓨터 업계의 가장 큰 혁신 중 하나입니다. 이 기술 덕에 우리의 컴퓨터 주변이 깔끔한 모습을 찾을 수 있었지요. 동시에, USB에는 피도 눈물도 없는 기술 업계의 전쟁 얘기도 얽혀 있어요. 이번에는 USB의 네모난 구멍 속으로 떠나 봅시다.

그래서 정확히 USB가 뭐임?

인터넷에 USB를 검색해 봤습니다. 그러자 '불안정방광(unstable bladder)'+부터, '시몬볼리바르대학교(Universidad Simón Bolívar)'++, '상측주파수대(Upper Side Band)'+++ 같은 단어들이 튀어나옵니다. 이들 사이에 숨어 있는 '범용 직렬 버스(Universal Serial Bus)', 이것이 우리가 찾는 단어입니다.++++

USB는 컴퓨터의 주변기기에 장치를 연결할 수 있는 '규격'으로, 현재 가장 널리 쓰이는 인터페이스 규격 중 하나지요. 예를 들어 애플과 삼성의 스마트폰은 충전 케이블을 꽂는 끝부분인 단자가 살짝 다르게 생겨서 서로의 충전기를 쓸 수 없습니다. 그래서 배터리가 닳아도 스마트폰을 만든 회사가 다르다면 친구의 충전기를 빌려 쓸 수 없지요. 만약 삼성과 애플이 똑같이 생긴 충전 단자를 썼더라면 더 편하지 않았을까요? 훨씬 크고 거

\+ 자신의 의지와 상관없이 방광이 수축하여 소변이 새는 상태.

++ 베네수엘라 미란다주 사르테네하스의 공립 종합대학교.

+++ 무선 통신에서 반송파를 변조할 때 반송파의 양쪽에 발생하는 전파의 주파수 성분 중 반송파의 주파수보다 높은 성분.

++++ 헷갈릴 수 있겠지만, 버스(bus)는 '컴퓨터의 정보 전송 회로'라는 의미도 있습니다.

대한 변화이지만, USB가 컴퓨터에 한 일이 애플과 삼성의 충전잭을 통합한 것에 가깝습니다.

컴퓨터는 모니터, 키보드, 마우스, 스피커, 프린터에 이르기까지 다양한 주변장치를 사용합니다. 그런데 1990년대까지만 해도 컴퓨터와 주변장치들을 연결하는 포트의 종류가 다 달랐습니다. 데스크톱 컴퓨터의 뒤쪽에는 여기저기 복잡한 구멍들이나 있는데, 이것이 바로 과거의 유산입니다. 초록색과 보라색의 동그란 구멍은 마우스와 키보드를 연결하는 'PS/2 포트'입니다. 사다리꼴 모양으로 안쪽에 구멍이 한가득 나 있는 'VGA 포트'로는 모니터를 연결하지요.

모든 주변장치마다 다른 포트를 사용하니 불편한 점이 한둘이 아니었습니다. 우선 쓰는 사람이 불편합니다. 도대체 무슨 기계를 무슨 포트에 끼우고 설정은 어떻게 해야 할지, 컴퓨터 전문가가 아니면 쓰기가 힘들었습니다. 심지어 가끔은 같은 모니터인데도 서로 다른 포트를 써서 기껏 사 온 제품을 쓰지 못하는 불상사도 생겼습니다. (물론 이 일은 지금도 교실이나 회의실에서 프로젝터를 쓰려는 사람들에게 여전히 일어납니다.) 컴퓨터나 주변기기를 만드는 회사도 이런 상황이 불편했습니다. 주변기기마다 다른 포트를 쓰니 컴퓨터에 어떤 포트를 달아야 할지, 기계는 어떤 포트에 맞게 만들어야 할지 혼란스러웠지요. 그렇다면 이 다양한 주변기기를 한 종류의 포트로 연결할 수 있다면 사용자나 회사나 훨씬 편하지 않을까요?

그리하여 1994년, 미국의 마이크로소프트, IBM, 인텔, 컴팩 등 여러 컴퓨터 회사가 함께 공동으로 범용 규격을 개발합니다.+ 인텔 USB 개발팀에는 현재 'USB의 아버지'로 불리는 아제이 바트라는 수석 설계자가 있었는데, 그는 아내가 프린터를 쓸 때마다 전화를 걸어 물어보던 기억이 USB 개발의 원동력 중 하나였다고 인터뷰에서 밝히기도 했습니다. 딸의 가정통신문을 인쇄할 때마다 프린터가 말을 듣지 않아 아내가 매번 자신에게 전화를 걸어 물어봤고, 그런 일을 겪으면서 어떤 사람도 헷갈리지 않게 컴퓨터와 주변기기를 연결할 수 있는 포트 규격을 만들 필요성을 느낀 거지요.

USB, 편리하긴 한데 왜 거꾸로는 못 꽂지?

1995년 11월 15일, 드디어 대망의 USB 1.0 버전이 공개되었습

+ 인텔은 다른 컴퓨터 회사에도 함께 범용 규격을 개발하자고 연락했지만, 모든 회사가 참여하지는 않았습니다. 빠진 회사 중 하나인 애플은 그전부터 따로 독자적인 규격을 개발하고 있었지요.

니다. USB 인터페이스의 가장 큰 장점은 간편함으로, USB로 연결된 장치를 꽂기만 하면 컴퓨터가 알아서 장치를 인식합니다. 지금은 당연하게 들리지만, 예전에는 그렇지 않았습니다. 심지어 장치를 연결하려면 컴퓨터를 꺼야 하는 경우도 있었죠. (아제이 바트의 아내가 프린터를 쓸 때마다 혼란을 겪은 데에는 다 이유가 있습니다.) 한 대의 컴퓨터에 최대 127개의 장치까지 USB로 연결할 수 있지요. (물론 보기엔 그리 좋지 않을 겁니다.) 또 한 가지 특징은 USB 포트에서 자체적으로 주변기기에 전력을 공급할 수 있다는 점입니다. 흔히 쓰는 USB의 단자 안쪽에는 금속으로 된 핀 네 개가 있습니다. 이 중 두 개가 데이터를 주고받는 케이블과 연결되어 있어요. 나머지 두 개가 전력을 담당하지요. 주변기기에 따로 플러그를 꽂지 않아도 되도록 데이터와 전력 케이블을 함께 심어 놓은 겁니다. USB 포트로 연결된 충전 잭이나 보조 배터리는 이 기능을 이용합니다.

전력 공급이 가능한 USB는 다양한 주변기기를 탄생시키는 결과를 낳았습니다. 지금은 선풍기, 가습기, 심지어 미니 냉장고에 이르기까지 예전에는 상상도 하지 못한 제품이 USB로 컴퓨터와 연결되어 쓰이고 있습니다. 물론 선풍기나 미니 냉장고는 전력만 공급받는 경우지만요. USB를 사용한 새로운 주변기기 중에서도 가장 대표적인 것이 'USB 메모리(USB 플래시 드라이브)'

입니다. 데이터를 기록할 수 있는 기억장치인 플래시 메모리를 USB 포트와 연결한 저장장치지요. 엄지손가락만 한 크기에 수십 기가바이트 용량의 데이터를 저장할 수 있어 인터넷으로 데이터를 전송하는 것이 보편화된 지금도 여전히 널리 쓰이고 있답니다. 이제는 USB와 USB 메모리를 헷갈릴 일이 없겠죠?

물론 USB가 항상 모두의 찬사를 들은 것은 아닙니다. USB 장치를 써 본 적 있는 사람이라면, 직사각형 단자가 한 번에 꽂히지 않아 USB를 위아래로 돌려 다시 꽂은 경험이 있을 겁니다. 전 세계 사용자들의 원성을 사는 이 직사각형 단자는 USB 하면 떠오르는 'USB-A' 단자입니다. 아제이 바트는 이에 대해 인터뷰에서 "뒤집어 쓸 수 있게 만들려면 두 배 많은 전선이 필요해 비용도 할 일도 두 배가 되기 때문에 그렇게 만들지 않았다"라고 밝혔습니다. 물론 뒤이어 "20년이 지난 후 보니 그 결정은 실수였다"라고 고백했죠.

만든 측도 그 실수를 인식한 건지, 결국 2014년에 크기가 작아지고 위아래 상관없이 끼울 수 있는(!) 'USB-C' 단자가 공개되었습니다. 단자가 타원형으로 매끄럽게 생겨서 방향에 상관없이 끼울 수 있지요. 아직도 USB-A 단자가 많이 보이지만 최근에는 안드로이드를 포함한 전자 기기 대부분에 USB-C 단자가 널리 쓰이지요.

USB, 경쟁자와 표준 전쟁을 벌이다!

지금이야 어디서든 USB가 흔하지만, 처음 발표될 당시에는 USB에 대한 평이 좋지 않았습니다. USB 규격이 발표될 당시, 시장에는 이미 USB보다 성능이 좋은 주변기기 인터페이스 접속 규격이 있었기 때문이죠. 그 주인공은 '파이어와이어(FireWire)'라는 코드명으로 불린 'IEEE 1394'입니다. 앞서 말한 애플이 소니, 파나소닉과 함께 1980년대부터 개발한 규격으로, 1995년 1월 발표되었죠. IEEE 1394는 발표 당시 USB보다 정보 전송 속도가 빨랐습니다. USB 1.0의 속도가 최고 1.5MB/s(1초에 1.5메가바이트를 전송)였는데, IEEE 1394는 무려 30배가 넘는 50MB/s의 최고 속도를 자랑했습니다. 2000년대 초반만 하더라도 두 가지 규격이 같이 쓰였고, 많은 컴퓨터 전문가는 성능이 좋은 IEEE 1394가 컴퓨터 시장을 지배할 것이라 예측하기도 했지요.

하지만 시간이 지난 지금 널리 쓰이는 표준은 USB입니다. 어떻게 된 일일까요? 가장 큰 이유는 가격입니다. 가급적 널리 쓰일 수 있도록 개발된 USB는 USB를 사용하는 제조업체가 내야 하는 라이선스 비용이 거의 없었지만, IEEE 1394가 적용된 기기를 만들려면 개발업체에 상당한 가격의 라이선스 비용을 지불해야 했습니다. 심지어 개발업체 사이에서도 이해관계가 복잡하게 얽혀 있어 라이선스를 얻기조차 쉽지 않았지요. 그래서 USB 규격을 이용한 주변기기가 더 많이 만들어졌고, IEEE 1394는 라이선스를 만든 애플이나 소니의 전자 기기에 주로 쓰이며 상대적으로 고립되었습니다. 시간이 지나며 USB의 성능이 개선되자 IEEE 1394 규격의 기술적 우위조차 사라지고 말았지요. 기술의 성능이 좋다고 꼭 경쟁에서 이기는 것은 아니라는 겁니다.

USB와 IEEE 1394는 기술 산업에서 자주 벌어지는 '표준 전쟁'의 한 예입니다. 어떤 규격이 표준이 되느냐 하는 문제는 기술 산업에서 엄청나게 중요합니다. 가장 큰 이유는 역시 경제 논리입니다. 새로운 기술을 개발하고 발명하는 데는 많은 돈과 시간이 듭니다. 내가 이렇게 만든 기술이 업계의 표준이 되어 모두가 쓰게 된다면, 기술 개발로 만들어진 특허를 이용해서 많은 돈을 벌어들일 수 있겠지요. 반대로 경쟁업체가 만든 기술이 표준이 된다면요? 지금까지 내가 개발한 기술에 들인 비용과 노력이 허사가 될 뿐만 아니라, 경쟁업체에게 기술을 사용하는 비용까지 지불해야 할 겁니다.

표준 전쟁은 이미 오래전부터 벌어졌습니다. 전기 공급망을 처음 설치하던 19세기 말~20세기 초, 직류 송전을 주장한 에디슨과 교류 송전을 주장한 테슬라가 서로 경쟁한 것이 가장 대표적인 표준 전쟁의 예입니다. 좀 더 최근에는 1980년대 텔레비전

어떤 배달 라이더를 고르시겠습니까?
파일 배달 완전 빠름… 대신 배달비는 각오해라
IEEE 1394
저는 조금 느리지만 배달비 파격 할인!
USB
IEEE 1394
네네! 곧 갑니다!
USB
너무 비싸요!
여러분 덕에 큰 용량 장만했어요. 앞으로도 많이 애용 해주세요!!
NEW
USB

으로 영화를 보게 해 주던 장치인 '비디오테이프'의 표준을 놓고 소니와 JVC라는 두 회사가 경쟁한 적도 있었지요.

우리가 쓰는 컴퓨터와 스마트폰, 주변기기 옆에 달린 네모난 구멍은, 실은 20년에 걸친 표준 전쟁에서 승리한 규격만 누릴 수 있는 영광의 자리입니다. 처음 예로 들었던 삼성과 애플의 스마트폰으로 돌아가 봅시다. 갤럭시를 비롯한 최근의 안드로이드 스마트폰에서는 충전 단자로 USB-C를 쓰고 있는데, 애플은 2012년부터 '라이트닝'이라는 독자적인 충전 단자를 쓰고 있습니다. 이것이 서로의 충전기를 사용할 수 없는 이유입니다. 애플 제품을 쓰는 사람들은 애플 제품을 위한 충전기와 충전 케이블을 별도로 사야 하니 불편하지만, 애플 입장에서는 독점 기술인 라이트닝을 이용해 부수익을 벌 수 있었죠.

유럽연합(EU)은 2022년 현재 유럽 내에서 판매되는 모든 모바일 기기의 충전 단자를 USB-C로 통일하는 법안을 통과시키고 있습니다. 충전 단자를 통일해서 충전기를 별도로 구매하지 않는다면, 한 해 발생하는 전자 폐기물을 1만 1,000톤까지 줄일 수 있다는 의도입니다. 이 소식이 나온 이후, 애플 측이 라이트닝 규격을 포기하고 앞으로 만드는 스마트폰에 USB-C 단자를 넣을 수도 있다는 추측도 나오고 있습니다. 이것이 현실이 된다면 가까운 미래에는 삼성과 애플의 스마트폰을 한 충전기로 충전

할 수 있겠죠. 표준 전쟁은 현재 진행형이라는 이야기를, 이 조그만 구멍이 들려주고 있습니다.

계산대에서

치열한 마케팅 전쟁이 벌어지는 곳

지금까지 편의점에서 파는 다양한 물건을 구경했습니다. 이제 필요한 물건을 사서 집으로 돌아갈 시간이에요. 그러려면 꼭 거쳐야 하는 곳이 있습니다. 바로 계산대지요.

우리는 편의점을 너무 친숙하게 여긴 나머지, 이곳이 손님들에게 최대한 많은 물건을 팔도록 정교하게 설계된 공간이라는 사실을 잊곤 합니다. 편의점의 10평 남짓한 공간에는 마케팅과 행동경제학, 산업공학의 핵심 기술이 녹아들어 있습니다. 그 기술 중엔 우리가 잘 아는 것, 알지만 등한시하는 것, 눈에 띄지 않는 것도 있지요. 혹시 지금 원래 사려 한 것보다 더 많은 물건이 손에 들려 있지는 않나요? 어쩌면 나도 모르는 새 마케팅 전략에 넘어간 건지도 모릅니다. 이 전략을 알아보기 위한 가장 좋은 방법은, 역시 편의점에 직접 가 보는 거겠죠?

주말 오전 느지막이 일어난 저는 배도 채우고 아이디어도 얻을 겸 동네 편의점으로 내려갑니다. 오늘 아점으로는 뭘 먹을까요? 들어서자마자 계산대 옆 진열장의 컵라면이 눈에 들어옵니다. 그 옆 냉장고에 삼각김밥이 가지런히 정리되어 있군요. 컵라면과 삼각김밥이면 한 끼도 금방 해결하겠는데요?

자연스레 이런 생각을 하게 되는 데에는 편의점의 전략이 숨어 있습니다. 편의점에서는 가장 많이 팔리는 핵심 제품을 소비자들의 시선이 가장 잘 머무는 곳에 두거든요. 들어서자마자 계산대 옆의 컵라면이 눈에 들어온 건 우연이 아닙니다. 삼각김밥은 소비자의 키를 고려해 냉장고에서 바로 찾을 수 있는 높이에 배치합니다. 굳이 발돋움하거나 허리를 굽히지 않아도 쉽게 삼각김밥을 꺼낼 수 있지요. 마찬가지로 도시락도 소비자가 쉽게 찾을 수 있는 계산대 가까이에 위치합니다.

더 나아가, 잘 팔리는 상품은 편의점이 있는 동네에 따라, 계절에 따라 시시각각 달라집니다. 이런 변화에 발 빠르게 대처하는 것이 편의점의 매출을 올리는 방법이겠지요. 그래서 편의점 점주는 시기에 따라 입고되는 물건의 종류와 양을 조절하고, 배치도 다르게 합니다. 그래서 우리는 계절마다 조금씩 달라지는 편의점을 만날 수 있습니다.

하지만 저는 삼각김밥의 유혹에 넘어가지 않고 요거트 음료를 고르러 건너편 냉장고로 갑니다. 냉장고 한편에 제가 좋아하는 브랜드의 요거트 음료가 종류별로 모여 있습니다. 한 팩에 2,000원인데, 마침 오늘은 2+1 행사를 하고 있네요. 1.4초 고민한 후에 마음을 바꿔 두 개를 고릅니다. 그러면 하나를 공짜로 받을 수 있으니 아싸! 땡잡았다!

한두 개를 사면 하나의 물건을 더 주는 1+1, 2+1 행사는 편의점에서 흔히 볼 수 있는 마케팅 전략입니다. 이런 행사는 보통 상품을 제조한 업체에서 편의점과 제휴를 맺고 진행하는데, 무엇보다 중요한 이유는 제품을 홍보하기 위해서입니다. 편의점 진열장은 비슷한 종류의 여러 제품이 서로 더 눈에 띄려고 경쟁하는 무대입니다. 이곳에서 인기를 얻는 손쉬운 방법은 1+1 행사로, 소비자 입장에서는 하나를 더 주는 물건에 자연스레 손이 가지요. 그래서 신상품을 홍보하거나 시장 점유율을 올려야 하는 입장의 제조업체에서 이런 행사를 자주 열게 됩니다.

그런데 1+1 행사는 사실 반값 할인 행사랑 같은 거 아닐까요? 소비자 입장에서는 비슷해 보이더라도, 물건을 판매하는 입장에서 두 행사는 큰 차이가 있습니다. 우선 중요한 차이는, 1+1 행사는 50퍼센트 할인보다 상품 판매량이 두 배가 된다는 것입니다. 판매량이 증가할 뿐만 아니라 재고로 쌓인 상품도 소진할 수 있지요. 한 번에 물건을 많이 만들게 되니 물건 하나를 만들 때 드는 비용을 아낄 수도 있습니다. 즉, 제조업체 입장에서 재고가 많이 남은 제품은 1+1 행사를 하는 게 낫고, 재고가 적게 남은 제품은 50퍼센트 할인 행사를 하는 게 더 나을 수도 있습니다. 또, 물건 하나를 만들 때 많은 돈이 드는 제품은 하나를 더 끼워 주는 것보다는 차라리 가격을 할인해서 파는 것이 더 나을 수도 있지요.

고전적인 경제학에서는 사람을 항상 이성적인 존재로 생각하지만, 20세기 후반 들어 경제학자들은 사람이 상상하던 것만큼 똑똑한 존재가 아니라는 사실을 알아차렸습니다. 사람들은 편의점 입구에서 보이는 삼각김밥에 마음을 빼앗기기도 하고, 꼬임에 넘어가 물건을 필요한 양보다 더 많이 사기도 합니다. 이처럼 실제 인간의 심리와 행동을 경제학에 도입한 학문이 '행동경제학'입니다. 편의점 여기저기에는 손님들이 조금이라도 더 많은 물건을 사도록 만들기 위한 행동경제학의 여러 전략이 녹아 있지요. 여하튼, 저는 요거트 2+1개를 안고 계산대로 갑니다. 원래 계획보다 요거트를 세 배 많이 샀지만 괜찮습니다. 왜냐하면 첫째로 할인된 가격에 요거트를 산 것 같아 기분이 좋고, 둘째로 저는 완벽히 이성적인 존재가 아니기 때문이죠.

콜라와 초콜릿, 젤리, 감자칩, 아이스크림 등 수많은 유혹을 이겨내고(명심하시오! 이 유혹들도 모두 편의점의 마케팅 전략이거늘!) 마침내 계산대에 도착한 저는 요거트를 올려놓습니다. 계산은 겨우 10초도 안 걸리는 간단한 과정이지만, 편의점 입장에서는 매우 중요한 단계입니다. 들여놓은 물건이 매출이 되는 순간이고, 어떤 물건이 팔리는지 확인할 수도 있으니까요. 예전에는 복잡했던 이 작업을 간소하게 만들어 준 발명이 '바코드'와 '포스(POS)'입니다.

바코드는 물건 포장에 찍혀 있는 검은색과 흰색 줄무늬입니다. 추상적으로 아무렇게나 그려진 것 같지만, 이 줄무늬에는 제품 정보가 담겨 있습니다. 편의점 점원이 '바코드 리더'라 불리는 레이저 판독기로 요거트 옆면의 바코드를 찍으면, 검은색 줄은 빛을 흡수하고 흰색 줄은 빛을 반사해 판독기로 돌려보냅니다. 흰색 줄의 굵기에 따라 빛의 양이 달라지는데, 컴퓨터는 이 빛 신호를 이진법으로 해석하여 숫자로 판독합니다.

바코드가 제 기능을 하려면 판독한 숫자를 제품 정보로 해석해 줄 기계가 필요합니다. 이 기계가 바로 포스 단말기입니다. 편의점은 물론이고 식당이나 카페 등 다양한 매장의 계산대에 세워진 컴퓨터처럼 생긴 기계를 봤을 거예요. 포스(POS)는 원래 'Point of Sale'의 준말로, 식당이나 편의점 등의 매장에서 실시간으로 물건이 얼마나 팔렸는지, 재고는 얼마나 남았는지를 알려주는 시스템이지요. 바코드에서 입력된 정보에 따라 물건의 종류, 가격 등의 정보를 표시해 줄 수 있지요. 아르바이트생은 포스 단말기 화면을 통해 요거트가 2+1 상품인지, 결제는 어떤 방식으로 진행할지 확인하고 결제를 마칩니다. 이제 이 요거트는 제 겁니다.

결제는 끝이지만, 편의점의 입장에서는 이 결제가 판매 정보를 모으는 시작 단계입니다. 어디서든 보이지만, 바코드와 포스가 널리 사용된 것은 그리 오래되지 않았습니다. 바코드는 1952년에 특허를 받았는데, 1974년에야 실제로 쓰이기 시작했습니다. 포스 시스템은 1972년 미국에서 개발된 후 세계 곳곳으로 퍼졌지요. 다양한 시행착오를 거쳐야 했지만, 포스 시스템과 바코드는 각각 유통혁명을 일으키고 있다는 평가를 받을 정도로 획기적인 시스템이었습니다. 그중에서도 핵심은 이런 기계들을 통해 고객들이 사는 물건의 데이터를 수집하고 분석하기 훨씬 쉬워졌다는 사실입니다.

아까 삼각김밥과 컵라면처럼 잘 팔리는 편의점 제품들은 고객이 보기 쉬운 위치에 진열해 둔다고 했습니다. 이런 판매 전략을 성공적으로 세우려면 먼저, 소비자들이 어떤 물건을 많이 사는지 데이터가 필요합니다. 하지만 편의점 업주들이 데이터를 분석하기는 쉽지 않습니다. 데이터를 전문적으로 분석하는 사람들이 필요하지요. 최근 주요 편의점 업계는 각 가맹점에서 수집되는 빅데이터 분석팀을 만들어 편의점 경영에 적극적으로 활용하고 있습니다. 데이터를 잘만 분석하면 예전에는 생각하지도 못한 질문에 대답할 수 있고, 그에 따른 마케팅 전략을 세울 수도 있지요.

문제를 하나 내 볼게요. 설 연휴에 가장 많이 팔리는 제품이 무엇일까요? 최근 CU 편의점을 운영하는 BGF리테일이 매출 데이터를 분석해 보니 편의점의 입지에 따라 명절 주간 매출이 급증하는 상품이 각각 달랐습니다. 가족이 모이는 주택가에서는 화투와 카드가 전주보다 405.8퍼센트나 상승했습니다. 데면데면한 친척끼리 모여 놀기에는 이만한 보드게임이 없다는 뜻이겠지요. 집으로 내려가는 귀성객이 몰리는 터미널 편의점에서는 충전기나 이어폰 같은 휴대전화 용품의 매출이 무려 881.8퍼센트나 상승했습니다. 세상에 충전기를 깜빡하는 사람이 (저 말고도) 이렇게나 많다는 뜻이죠. 다른 질문입니다. 겨울이면 나오는 호빵과 군고구마 상품은 언제 판매를 시작해야 할까요? 11월? 12월이요? 땡! GS25 편의점의 본사인 GS리테일 분석팀에 따르면, 겨울 상품의 매출은 날씨가 추울 때보다는 일교차가 큰 10월에 더 높습니다.

이런 추세를 파악한다면 편의점은 매출을 올리기 위한 대비를 하기 쉬워집니다. 설 연휴 주택가 편의점은 화투와 카드를, 터미널 편의점은 종류별로 충전기와 이어폰을 평소보다 넉넉히 갖춰 놓아야겠죠. 마찬가지로 GS25 편의점들은 9월 말에 일찌감치 호빵과 군고구마를 판매할 준비를 마쳐 놓고요.

이런 소비 추세는 고객들의 소비 데이터가 모이지 않으면 찾아내기 쉽지 않습니다. 아마도 오랜 시간에 걸친 경험이 쌓여야만 겨우 알 수 있겠지요. 소비 데이터를 모으기 쉽게 만든 일등공신은 바코드와 포스, 컴퓨터에 이르는 물류 체계의 혁신입니다. 이 혁신은 전자레인지나 건전지의 발명처럼 우리가 직접 느낄 수 있는 종류는 아니지만, 보이지 않는 곳에서 그 무엇보다 크게 우리의 삶에 영향을 미치고 있습니다.

이제 우리는 소비 행위 하나하나가 사라지는 게 아니라 빅데이터로 남아 분석되는 시대에 살고 있습니다. 이런 세상에서 내

?
흑흑흑…
왜 울고 있어?
아무도 날 안 데려가 줘. 눈에 잘 띄는 삼각김밥이나 1+1 음료수만 사간다구!
흠… 방법이 있어!
내가 도와줄게.
잠시 후 계산대
카드 꽂아 주세요~
사탕도 같이 살게요!
네!!
알바 강력 추천
먹으면 행복해지는 귀여운 알사탕

가 사는 물건은 마케팅 전략의 결과이면서 대기업 빅데이터 팀의 분석 요소가 됩니다. 우리 동네 편의점은 전 세계의 물건과 기술이 모이는 공간일 뿐만 아니라, 이제는 다른 지역 편의점과 사람들의 소비 패턴을 바꾸는 출발점이 되기도 한 셈입니다.

자, 이제 돌아가서 점심을 먹을 일만 남았군요.

참고 문헌

1장 삼각김밥

- 스즈키 마코토, 〈주먹밥 포장시트 및 포장주먹밥 특허〉, 대한민국 특허 KR970003302B1, 1993/10/28.
- 앨리스 로버츠, 김명주 옮김, 《세상을 바꾼 길들임의 역사》, 푸른숲, 2019.
- 전상인, 《편의점 사회학》, 민음사, 2014.
- 조신호 외, 《식품화학 Food Chemistry》, 교문사, 2014.
- 채다인, 《오늘도 편의점을 털었습니다》, 지콜론북, 2021.
- 혼다 도시노리, 오연정 옮김, 《삼각김밥 혼다씨》, 이콘, 2018.
- THE SUZUKI, "会社沿革." (https://www.the-suzuki.co.jp/organization.html, 2022/6/2 접속)

2장 불닭볶음면

- 강석기, 《과학의 구원》, MID, 2019.
- 로버트 L. 월크, 이창희 옮김, 《아인슈타인이 요리사에게 들려준 이야기》, 해냄출

판사, 2003.
· 밥 홈즈, 원광우 옮김,《맛의 과학》, 처음북스, 2017.
· 와타나베 다쓰오, 이와이 가즈오, 최춘언 · 한영숙 옮김,《고추, 매운맛의 과학》, 식품저널, 2001.
· 이정아, "매, 매, 매운맛을 주세요",《과학동아》, 2018년 4월호.
· 찰스 스펜스, 윤신영 옮김,《왜 맛있을까》, 어크로스, 2018.
· 황선욱, "[과학자가 해설하는 노벨상]촉각수용체 발견, 만성통증 치료 시대 올까", 동아사이언스, 2021/10/5. (https://m.dongascience.com/news.php?idx=49664, 2022/5/25 접속)
· Charles Spence, "Why Is Piquant/Spicy Food So Popular?". *International Journal of Gastronomy and Food Science* 12(2018/7/1), 16-21.
· Guinness World Records, "Hottest Chilli Pepper." 2017/8/11.
· The Nobel Foundation. "The Nobel Prize in Physiology or Medicine 2021." 2021/10/4.
· Signe Dean, "People Are Dipping Their Testicles in Soy Sauce, So Here's Some Science" Science Alert, 2020/1/22. (https://www.sciencealert.com/people-are-dipping-their-testicles-in-soy-sauce-so-here-s-some-science, 2022/5/25 접속)
· Yalan Han et al., "Molecular Mechanism of the Tree Shrew's Insensitivity to Spiciness." *PLOS Biology* 16, no. 7(2018): e2004921.

3장 우유

· 유과학연구회,《우유 한잔의 과학》, 드림디앤디, 2010.
· 이상희, 윤신영,《인류의 기원》, 사이언스북스, 2015.
· 해나 벨튼, 강경이 옮김,《밀크의 지구사》, 휴머니스트, 2012.
· 히라타 마사히로, 김경원 옮김,《우유가 만든 세계사》, 돌베개, 2018.
· Madeleine Bleasdale et al., "Ancient Proteins Provide Evidence of Dairy Consumption in Eastern Africa." *Nature Communications* 12, no. 1 (2021/01/27): 632.

4장 치킨

- 가와카미 가즈토, 김소연 옮김, 《치킨에는 진화의 역사가 있다》, 문예출판사, 2021.
- 김재민, 《닭고기가 식탁에 오르기까지》, 시대의창, 2014.
- 앤드루 롤러, 이종인 옮김, 《치킨로드》, 책과함께, 2015.
- 앨리스 로버츠, 1장의 책.
- 얼 C. 엘리스, 김용진 · 박범순 옮김, 《인류세》, 교유서가, 2021.
- 이욱정, 《치킨인류》, 마음산책, 2019.
- 정은정, 《대한민국 치킨展》, 따비, 2014.
- 최평순, 《인류세》, 해나무, 2020.
- 한승태, 《고기로 태어나서》, 시대의창, 2018.
- Carys E. Bennett et al., "The Broiler Chicken as a Signal of a Human Reconfigured Biosphere." *Royal Society Open Science* 5, no. 12 (2018): 180325-180325.
- Rebecca Katajamaa and Per Jensen, "Selection for Reduced Fear in Red Junglefowl Changes Brain Composition and Affects Fear Memory." *Royal Society Open Science* 7, no. 8 (2020): 200628.

5장 전자레인지

- 로버트 L. 월크, 2장의 책.
- 리처드 랭엄, 조현욱 옮김, 《요리 본능》, 사이언스북스, 2011.
- 이해준, 〈우주 최초의 물질상태 – 플라즈마〉, 《한국진공학회》 1(2), 4-8. (2014).
- Christoffer A. Masi et al., "Converting raw coal powder into polycrystalline nano-graphite by metal-assisted microwave treatment." *Nano-Structures & Nano-Objects*, 25, 100660. (2021).
- Emily Petroff et al., "Identifying the source of perytons at the Parkes radio telescope." *Monthly Notices of the Royal Astronomical Society*, 451(4), 3933-3940. (2015)
- Hamza K. Khattak et al., "Linking plasma formation in grapes to microwave resonances of aqueous dimers." *Proceedings of the National Academy of Sciences*,

116(10), 4000-4005. (2019).
- "Spencer Family Archive." (http://spencerfamilyarchive.com/#)
- Steven Tweedie, "How the microwave was invented by a radar engineer who accidentally cooked a candy bar in his pocket." Business Insider, 2015. (https://www.businessinsider.com/how-the-microwave-oven-was-invented-by-accident-2015-4)

6장 콜라

- 톰 스탠디지, 차재호 옮김, 《역사 한 잔 하실까요?》, 세종서적, 2006.
- American Chemical Society, "Mentos and Diet Coke!", 2022. (https://www.acs.org/content/acs/en/education/whatischemistry/adventures-in-chemistry/experiments/mentos-diet-coke.html)
- Guiness World Records, "Most Mentos and Soda Fountains." 2014/11/15.
- Laura Northrup, "Coca-Cola: Dead Mouse Was Too Fresh to Be Found in a Coke Can." *Consumerist*, 2017/4/27.
- Thomas S. Kuntzleman et al., "Kinetic Modeling of and Effect of Candy Additives on the Candy-Cola Soda Geyser: Experiments for Elementary School Science through Physical Chemistry." *Journal of Chemical Education* 97, no. 1 (2020/1/14 2020): 283-288.
- Thomas S. Kuntzleman et al., "New Demonstrations and New Insights on the Mechanism of the Candy-Cola Soda Geyser." *Journal of Chemical Education* 94, no. 5 (2017/5/9): 569-576.
- Thomas S. Kuntzleman et al., "Probing the Mechanism of Bubble Nucleation in and the Effect of Atmospheric Pressure on the Candy-Cola Soda Geyser." *Journal of Chemical Education* 97, no. 4 (2020/4/14): 980-985.
- Thomas S. Kuntzleman and Trevor P. Sims, "Kinetic Explorations of the Candy-Cola Soda Geyser." *Journal of Chemical Education* 93, no. 10 (2016/10/11): 1809-1813.

7장 감자칩

- 래리 주커먼, 박영준 옮김, 《악마가 준 선물, 감자 이야기》, 지호, 2000.
- 수전 캠벨 바톨레티, 곽명단 옮김, 《검은 감자》, 돌베개, 2014.
- 앨리스 로버츠, 1장의 책.
- 야마모토 노리오, 김효진 옮김, 《감자로 보는 세계사》, AK(에이케이커뮤니케이션즈), 2019.
- 임두원, 《튀김의 발견》, 부키, 2020.
- 정환봉, "'질소 과자' 봉지 뗏목 타고 한강 건너기 성공!", 《한겨레》, 2014/9/28.
- 존 앨런, 윤태경 옮김, 《미각의 지배》, 미디어윌, 2013.
- 찰스 스펜스, 2장의 책.
- April White, "The Story of the Invention of the Potato Chip Is a Myth." 2017. (https://daily.jstor.org/story-invention-potato-chip-myth/, 2022/5/3 접속)
- Massimiliano Zampini and Charles Spence, "The Role of Auditory Cues in Modulating the Perceived Crispness and Staleness of Potato Chips." *Journal of sensory studies* 19, no. 5 (2004): 347-363.
- William S. Fox and Mae G. Banner, "Social and Economic Contexts of Folklore Variants: The Case of Potato Chip Legends." *Western folklore* 42, no. 2 (1983): 114-126.

8장 바나나

- 댄 쾨펠, 김세진 옮김, 《바나나》, 이마고, 2010.
- 롭 던, 노승영 옮김, 《바나나 제국의 몰락》, 반니, 2018.
- 마크 레빈슨, 이경식 옮김, 《더 박스》, 청림출판, 2017.
- 버지니아 스콧 젠킨스, 송은경 옮김, 《바나나 혹은 미국의 역사》, 이소출판사, 2002.
- 시어도어 C. 듀머스, 정미진 옮김, 《내일은 못 먹을지도 몰라》, 롤러코스터, 2021.
- 정우석 · 김성섭 · 채용우, 〈아열대 작물의 국내 재배동향 및 주산지 분석〉, 《한국

산학기술학회논문지》 21, no. 12 (2020): 524-535.
- "The Critically Endangered Madagascar Banana", 2018. (https://www.kew.org/read-and-watch/madagascan-banana, 2022/5/5 접속)
- "How Do Bananas Grow and End up in the Store?", 2019. (https://www.youtube.com/watch?v=SgFKfVfghpg, 2022/5/5 접속)
- "Natural Radioactivity in Food." (https://www.epa.gov/radtown/natural-radioactivity-food, 2022/5/5 접속)

9장 커피

- 김정현, "편의점 음료 매출 3분의 1은 커피…PB · 할인 경쟁 활발", 뉴시스, 2021/10/7. (https://mobile.newsis.com/view.html?ar_id=NISX20211007_0001606285, 2022/5/11 접속)
- 매슈 워커, 이한음 옮김, 《우리는 왜 잠을 자야 할까》, 열린책들, 2019.
- 머리 카펜터, 《카페인 권하는 사회》, 중앙북스, 2015.
- 박민주, "[2019 편의점 결산]컵얼음 2억8,600만개...'얼죽아'가 편의점 먹여살렸네", 《서울경제》, 2019/11/27. (https://www.sedaily.com/NewsVIew/1VQYNEUP5A, 2022/5/11 접속)
- 식품의약품안전처, "성인 하루 커피 4잔, 청소년 에너지음료 2캔 이내로 섭취하세요" 보도 자료(2020).
- 앤 패디먼, 《세렌디피티 수집광》, 행복한상상, 2008.
- 장승윤, "[편의점 알쓸신잡①] 생각보다 잘 나가네…편의점 효자상품 'PB커피'", 인더뉴스, 2022/3/13. (https://inthenews.co.kr/mobile/article.html?no=44532, 2022/5/11 접속)
- 톰 스탠디지, 6장의 책.
- 하인리히 에두아르트 야콥, 남덕현 옮김, 《커피의 역사》, 자연과생태, 2013.
- Carl Zimmer, "How Caffeine Evolved to Help Plants Survive and Help People Wake Up." *The New York Times*, 2014/9/4.
- Jan Koolman and Hans Moeller and Klaus H. Röhm, 방원기 옮김, 《생활 속의 생화

학》, 라이프사이언스, 2011.

10장 얼음

- 장승윤, 9장의 기사.
- 전상인, 1장의 책.
- 톰 잭슨, 김희봉 옮김, 《냉장고의 탄생》, MID, 2016.
- 헬렌 피빗, 서종기 옮김, 《필요의 탄생》, 푸른숲, 2021.
- Christoph G. Salzmann et al., "Structure and nature of ice XIX." *Nature Communications*, 12(1), 3162. (2021) doi:10.1038/s41467-021-23399-z
- Edgar A. Engel et al., "Mapping uncharted territory in ice from zeolite networks to ice structures." *Nature Communications*, 9(1), 2173. (2018). doi:10.1038/s41467-018-04618-6
- 7-Eleven Corporate, "Our Brand Story". (https://corp.7-eleven.com/corp/our-brand-story, 2022/5/30 접속)

11장 칫솔

- 김혜성, 《입속에서 시작하는 미생물 이야기》, 파라사이언스, 2018.
- Anita Radini et al., "Medieval Women's Early Involvement in Manuscript Production Suggested by Lapis Lazuli Identification in Dental Calculus." *Science Advances* 5, no. 1 (2019): eaau7126.
- Audra J. Wolfe, "Nylon: A Revolution in Textiles", Distillations, 2008/10/2. (https://www.sciencehistory.org/distillations/nylon-a-revolution-in-textiles, 2022/5/19 접속)
- "Expanded Human Oral Microbiome Database V3." (https://homd.org/, 2022/5/19 접속)
- Jan Koolman and Hans Moeller and Klaus H. Röhm, 9장의 책.
- Laura S. Weyrich et al., "Neanderthal Behaviour, Diet, and Disease Inferred from

Ancient DNA in Dental Calculus." *Nature* 544, no. 7650 (2017/04/01): 357-361.
· Madeleine Bleasdale et al., 3장의 글.
· "Toothbrush Beats out Car and Computer as the Invention Americans Can't Live without, According to Lemelson-Mit Survey." 2003/1/21 (https://news.mit.edu/2003/lemelson, 2022/5/19 접속)

12장 진통제

· 디아나 헬프리히, 이지윤 옮김, 《약, 알아두면 사는 데 도움이 됩니다》, 지식너머, 2020.
· 사토 겐타로, 서수지 옮김, 《세계사를 바꾼 10가지 약》, 사람과나무사이, 2018.
· 송은호, 《일상을 바꾼 14가지 약 이야기》, 카시오페아, 2020.
· 이현정, "약은 무조건 식후 30분? 이제 식후 바로 드세요", 헬스조선, 2017/9/27.
· 정승규, 《인류를 구한 12가지 약 이야기》, 반니, 2019.
· 정진호, 《위대하고 위험한 약 이야기》, 푸른숲, 2017.
· 크리스티네 기터, 유영미 옮김, 《약의 과학》, 초사흘달, 2021.
· 토머스 헤이거, 양병찬 옮김, 《텐 드럭스》, 동아시아, 2020.
· 한국의약품안전관리원, "연도별 효능군별 이상사례보고 현황", (https://www.data.go.kr/data/15089544/fileData.do, 2022/5/20 접속)
· 황세진, 정혜진, 《강약중강약》, 알마, 2017.
· Laura S. Weyrich et al., 11장의 글.
· Suneli Agrawal et al., "Acetaminophen Toxicity", In: StatPearls.

13장 마스크

· 스미다 도모히사, 〈코와 입만 가리는 물건: 마스크의 역사와 인류학을 향해〉, 《한국과학사학회지》 42, no. 3 (2020): 745-759.
· 전치형 · 김성은 · 김희원 · 강미량, 《호흡공동체》, 창비, 2021.

- 질병관리청 감염병포털. (https://www.kdca.go.kr/npt/)
- Bruno J. Strasser and Thomas Schlich, "A History of the Medical Mask and the Rise of Throwaway Culture." *The Lancet* 396, no. 10243 (2020/7/4): 19-20.
- Carlie Orterfield, "A Lot of PPE Doesn't Fit Women—and in the Coronavirus Pandemic, It Puts Them in Danger." *Forbes*, 2020/4/29.
- Christiane Matuschek et al., "The History and Value of Face Masks." [In eng]. *European journal of medical research* 25, no. 1 (2020): 23-23.
- Christos Lynteris, "Plague Masks: The Visual Emergence of Anti-Epidemic Personal Protection Equipment." *Medical Anthropology* 37, no. 6 (2018/8/18): 442-457.
- Derrick Bryson Taylor, "For Black Men, Fear That Masks Will Invite Racial Profiling." *The New York Times*, 2020/5/26.

14장 콘돔

- 데이비드 에저턴, 정동욱 · 박민아 옮김, 《낡고 오래된 것들의 세계사》, 휴머니스트, 2015.
- CDC, Male (External) Condom Use, 2022/2/10.
- Christina Zhao, "Condoms Made in China Are 'Too Small,' African Health Minister Complains." *Newsweek*, 2018. 3. 1.
- Damian Grammaticus, "Condoms 'Too Big' for Indian Men." BBC News Delhi, 2006/12/8. (http://news.bbc.co.uk/2/hi/6161691.stm)
- "Durex Cucumber Ad." 2022, https://youtu.be/R9zpynH1gyY.
- Fahd Khan et al., "The Story of the Condom." [In eng]. *Indian journal of urology* : IJU : journal of the *Urological Society of India* 29, no. 1 (2013): 12-15.
- Taryn Cain, "History of Condoms from Animal to Rubber." wellcome collection, 2014/11/19. (https://wellcomecollection.org/articles/W88vXBIAAOEyzwO_)
- WHO, UNAIDS, The Male Latex Condom 10 Condom Programming Fact Sheets. (2001. 5. 7.).

15장 건전지

- 김영식, "충전 가능한 시대를 열다, 리튬이온전지", 《과학동아》, 2019년 11월호.
- 듀라셀, "듀라셀과 함께 안전하게 아이를 지켜주세요." 2017. (https://www.duracell.kr/technology/lithium-coin-battery-safety/, 2022/5/11 접속)
- 시라이시 다쿠, 이인호 옮김, 《처음 읽는 2차전지 이야기》, 플루토, 2021.
- 신용수, "데나토늄 벤조에이트의 실체", 《과학동아》, 2018년 5월호.
- 장하석, 전대호 옮김, 《물은 H_2O인가?》, 김영사, 2021.
- Ramsey Hamade, Raghid Al Ayache, Makram Bou Ghanem, Sleiman El Masri, and Ali Ammouri, "Life Cycle Analysis of Aa Alkaline Batteries." *Procedia Manufacturing* 43 (2020): 415-422.

16장 USB

- 안선주, 《표준전쟁》, 골든타임, 2021.
- Carl Shapiro, Hal R. Varian, "The Art of Standard Wars." *California management review* 41, no. 2 (1999): 8.
- Gordon Ung, "Happy Birthday Usb: The Standard Turns 20, and Proud Inventor Ajay Bhatt Tells All." *PCWorld*, 2015/11/16. (https://www.pcworld.com/article/424209/happy-birthday-usb-the-standard-turns-20-and-proud-inventor-ajay-bhatt-tells-all.html)
- Jan Axelson, 신진철 옮김, 《Usb 완전정복》, 에이콘출판, 2016.

17장 계산대에서

- 고석균, 《편의점에 간 멍청한 경제학자》, 책들의 정원, 2019.
- 신희선, "May the Pos Be with Us: Pos 시스템의 사회기술사", 《과학뒤켠》, 2017년 3월호.

· 이준환,《Mr. Lee 10,000일간의 편의점 이야기》, 마지원, 2021.
· 홍성용. ""손은 눈보다 빠르다"…설 연휴에 편의점서 불티나게 팔리는 이것",《매일경제》, 2022/1/24.
· Gavin Weightman, "The History of the Bar Code." *Smithsonian Magazine*, 2015/9/23.